卡门的拼布生活

卡门 著

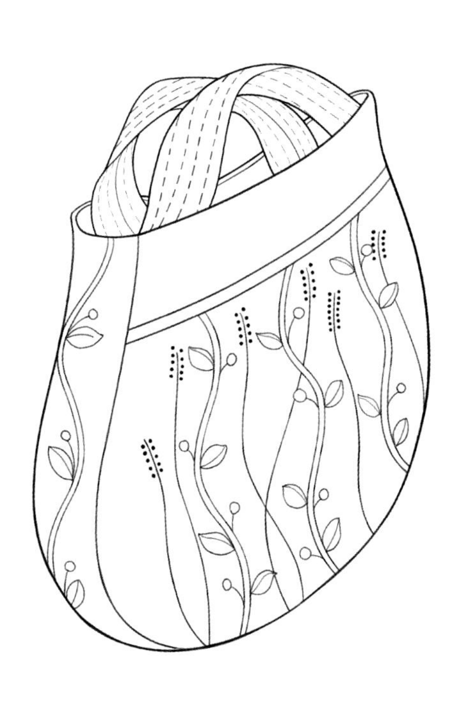

江苏凤凰美术出版社

我是卡门，

我是1981年出生的射手座。

这是我的第一本拼布书，

记录我的7年拼布生涯。

拼布源于生活、用于生活。

目录

第3章 制作方法···37

第1章

常用工具

拼布专用隐形贴布线

拼布专用压线线

植物染棉线（刺子绣线）

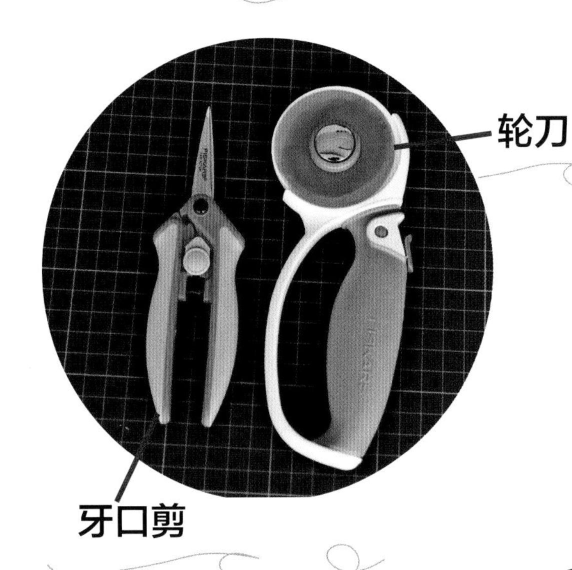

轮刀

牙口剪

骨笔

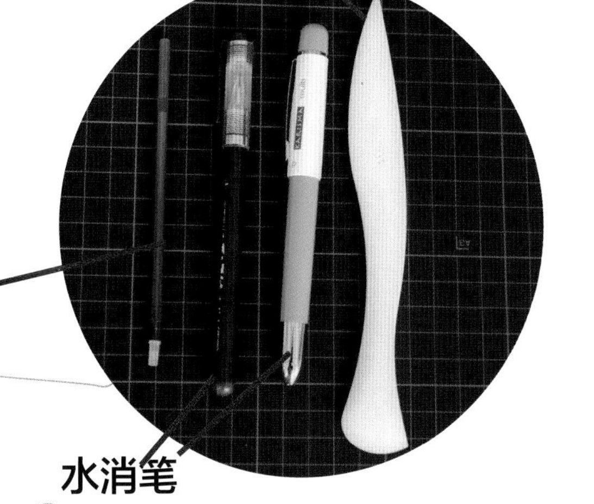

热消笔

水消笔

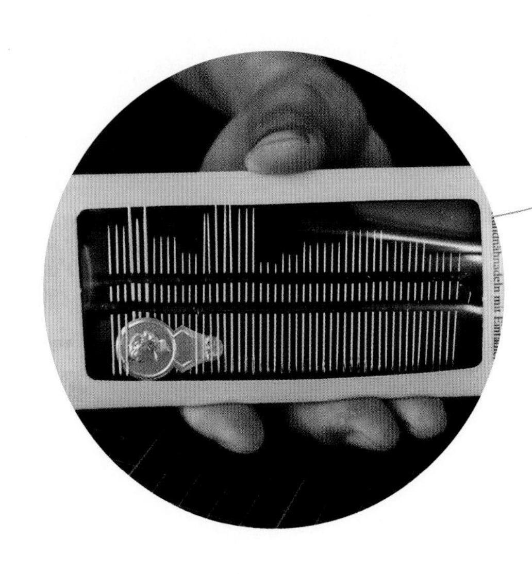

全能针

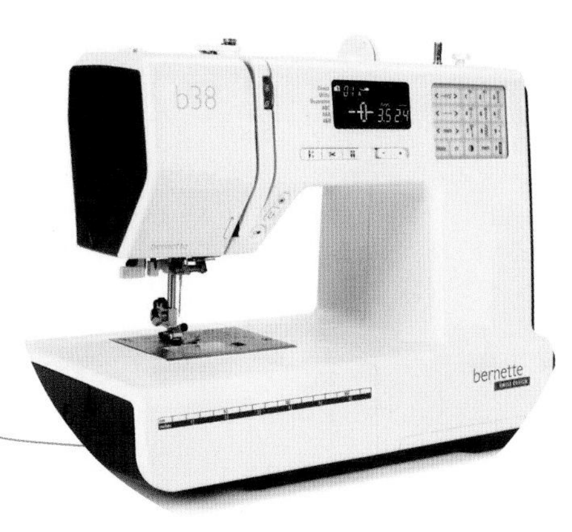

缝纫机

拼布专用印章

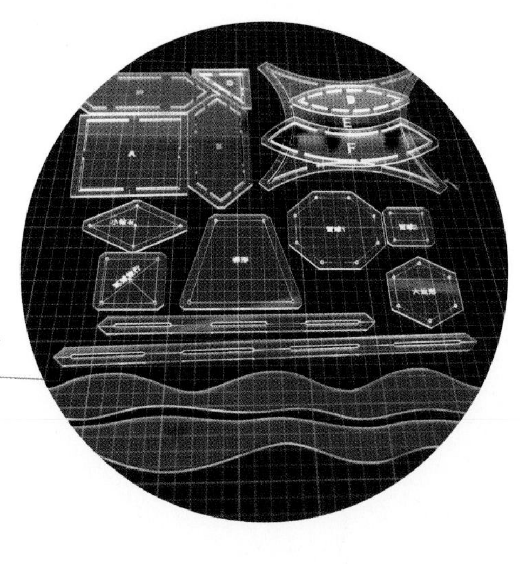

拼布模板、尺

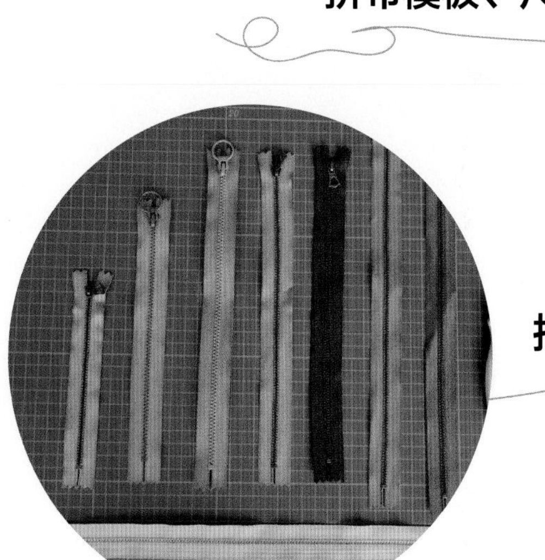

拉链

第 2 章

作品展示

01 落花

详细制作方法见第 38 页

成品尺寸：宽 40 cm　高 32 cm　厚 8 cm

02 椿

详细制作方法见第 43 页

成品尺寸：宽 38 cm　高 26 cm　厚 8 cm

03 青花

详细制作方法见第 46 页

成品尺寸：宽 35 cm　高 30cm　厚 15 cm

04 玉兰花开

详细制作方法见第 51 页

成品尺寸：宽 32 cm　高 26 cm　厚 10 cm

05 柿子染水桶包

详细制作方法见第 55 页

成品尺寸：宽 28 cm 高 30 cm 厚 20 cm

06 九宫图单肩包

详细制作方法见第 59 页

成品尺寸：宽 28 cm　高 25 cm　厚 6 cm

07 吉祥

详细制作方法见第 64 页

成品尺寸：宽 40 cm 高 30 cm 厚 18 cm

08 柿子染贝壳包

详细制作方法见第 68 页

成品尺寸：宽 25 cm　高 17 cm　厚 6 cm

09 小方块贝壳包

详细制作方法见第 71 页

成品尺寸：宽 25 cm　高 17 cm　厚 6 cm

10 望

详细制作方法见第 74 页

成品尺寸：宽 40 cm　高 26 cm　厚 19 cm

11 丛林

详细制作方法见第 78 页

成品尺寸：宽 28 cm　高 28 cm　厚 12 cm

12 立体花手拎包

详细制作方法见第 82 页

成品尺寸：宽 15 cm　高 20 cm　厚 15 cm

13 玫瑰园

详细制作方法见第 84 页

成品尺寸：宽 32 cm　高 30 cm　厚 12 cm

14 山茶花

详细制作方法见第 88 页

成品尺寸：宽 30 cm　高 17 cm　厚 8 cm

详细制作方法见第 92 页

成品尺寸：宽 26 cm　高 23 cm　厚 6 cm

16 夏日

详细制作方法见第 96 页

成品尺寸：宽 28 cm　高 30 cm　厚 6 cm

17 蓝染单肩包

详细制作方法见第 100 页

成品尺寸：宽 36 cm 高 27 cm 厚 10 cm

18 乱拼单肩包

详细制作方法见第 105 页

成品尺寸：宽 28 cm　高 28 cm　厚 9 cm

19 大福眼

详细制作方法见第 108 页

成品尺寸：宽 38 cm　高 32 cm　厚 10 cm

20 古布手拎包

详细制作方法见第 109 页

成品尺寸：宽 42 cm　高 30 cm　厚 20 cm

21 植物染饺子包

详细制作方法见第 110 页

成品尺寸：宽 30 cm 高 35 cm 厚 8 cm

22 小花化妆包

详细制作方法见第 111 页

成品尺寸：宽 20 cm　高 15 cm　厚 6 cm

23 郁金香小包

详细制作方法见第 112 页

成品尺寸：宽 12 cm　高 20 cm　厚 6 cm

24 植物染手拎包

详细制作方法见第 113 页

成品尺寸：宽 30 cm 高 35 cm 厚 8 cm

25 祖母被子

详细制作方法见第 114 页

成品尺寸：宽 200 cm 长 220 cm

26 三角拼布被子

详细制作方法见第 118 页

成品尺寸：宽 182 cm　长 202 cm

27 植物染拼布裙

详细制作方法见第 121 页

成品尺寸：长 104 cm 宽 82 cm

28 夹棉布斗篷

详细制作方法见第 124 页

成品尺寸：长 75 cm 宽 65 cm

（加帽子的高度）

第3章

制作方法

01 落花

材料

表布拼接用面料：9 种

贴布用面料：11 种

里布尺寸：90 cm × 60 cm

铺棉尺寸：90 cm × 60 cm

木手提：一对

磁扣：一对

A 制作立体花瓣

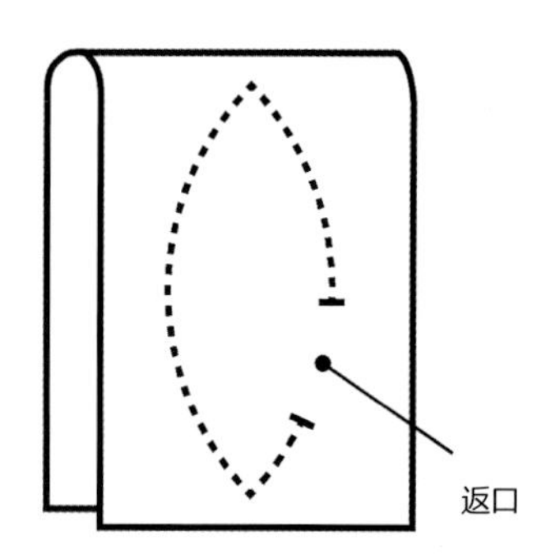

①包上有 10 朵花，每朵花有 6 片花瓣，共需做 60 片花瓣。

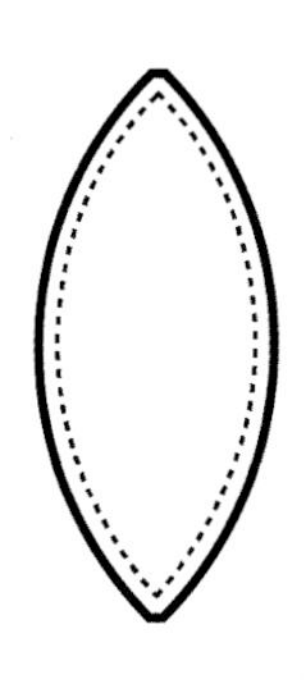

②从返口翻回正面。

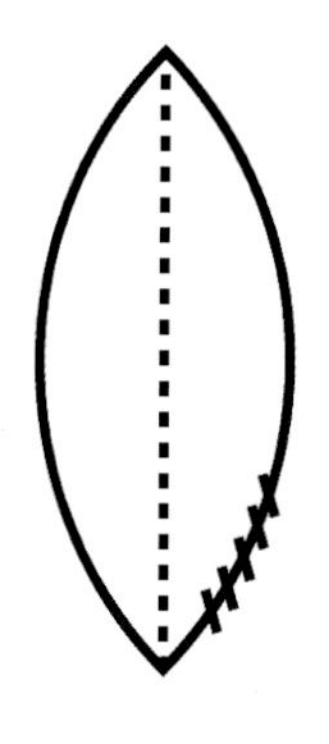

③缝合返口，中间采用平针缝。

B 制作前片

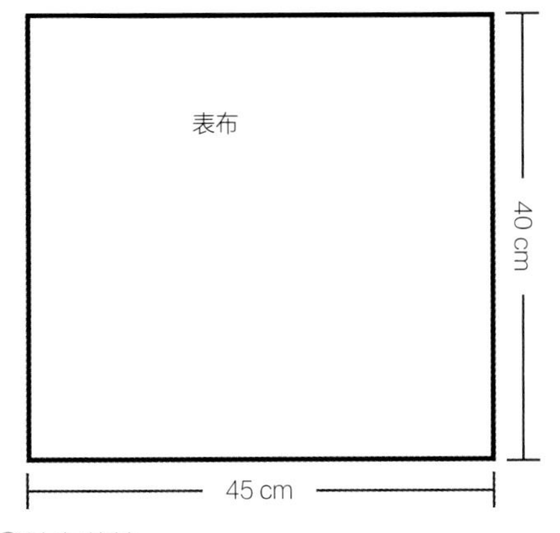

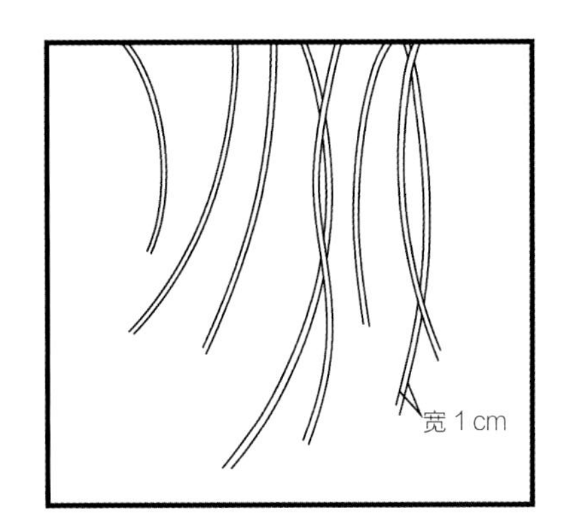

①贴布花枝。

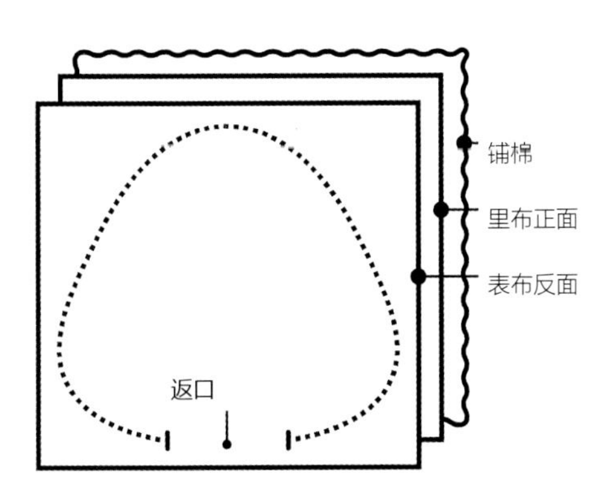

②剪掉多余的布料，沿虚线用平针缝缝合，返口不缝合。

③翻回正面，缝合返口，进行压线。

贴花瓣

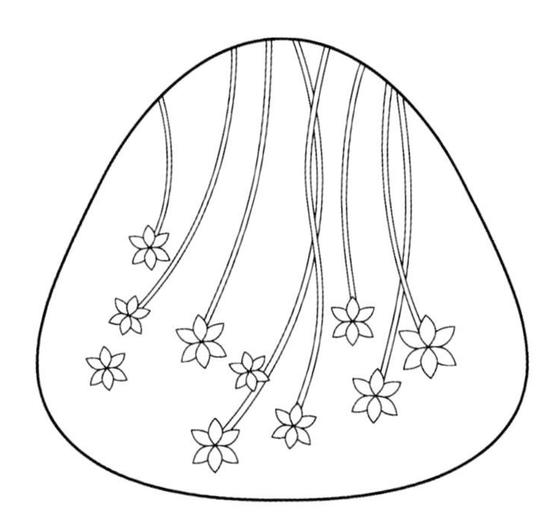

①将花瓣贴在花枝上。

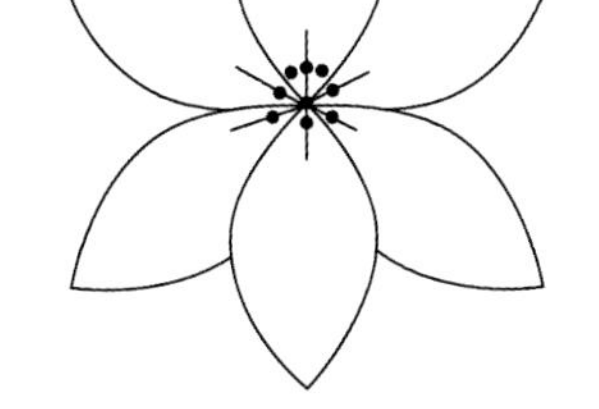

②采用结粒绣绣花蕊。

D 后片拼接

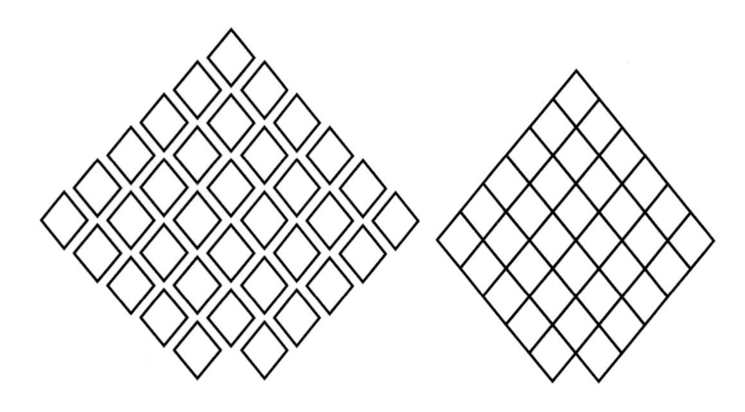

①制作 35 片菱形布料。　　②将 35 片布料拼接到一起，完成后片表布。

E 缝合

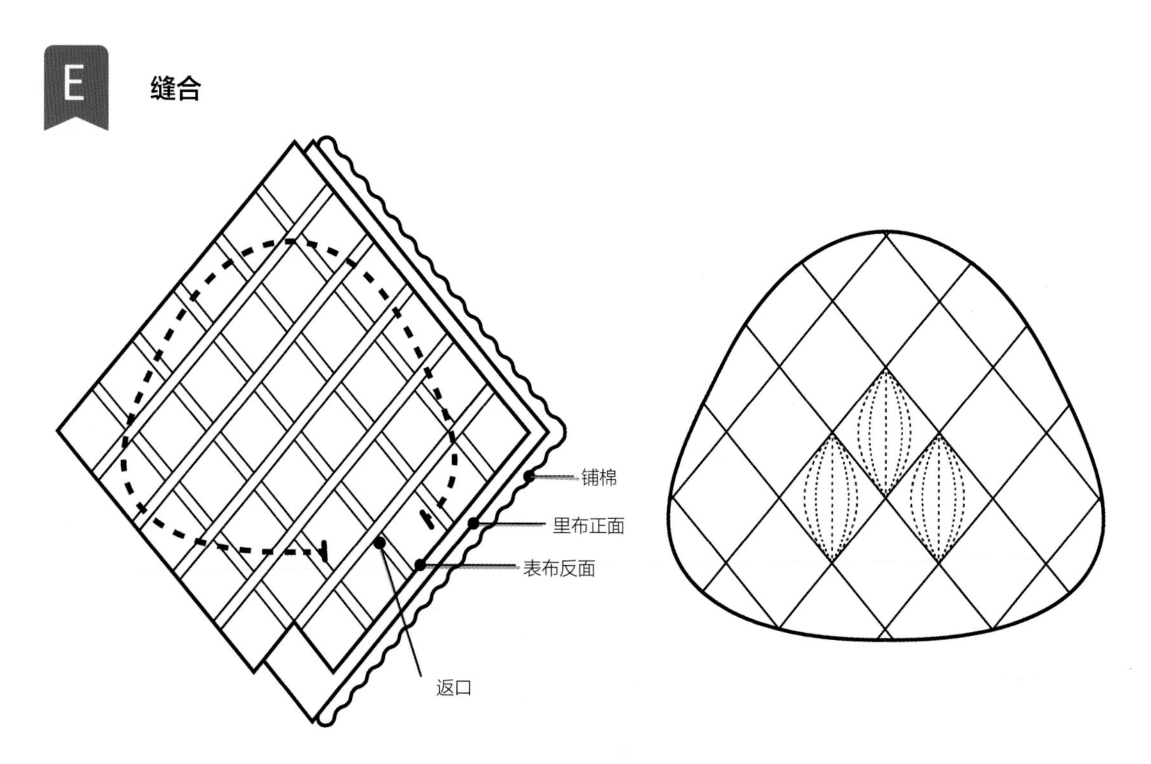

①剪掉多余的布料，用平针缝缝合，返口不缝合。

②从返口翻回正面，将返口缝合，进行压线。

F 包底

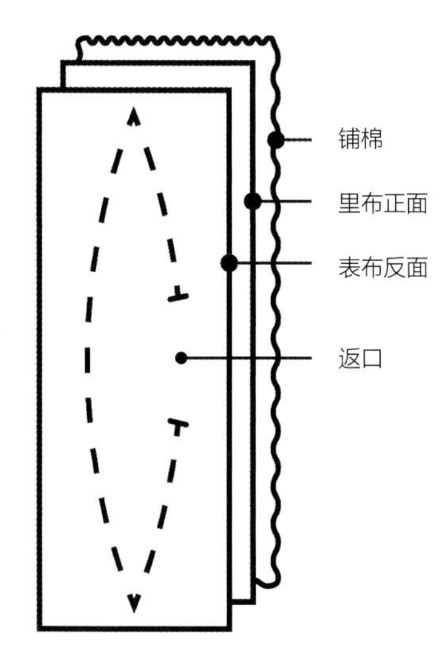

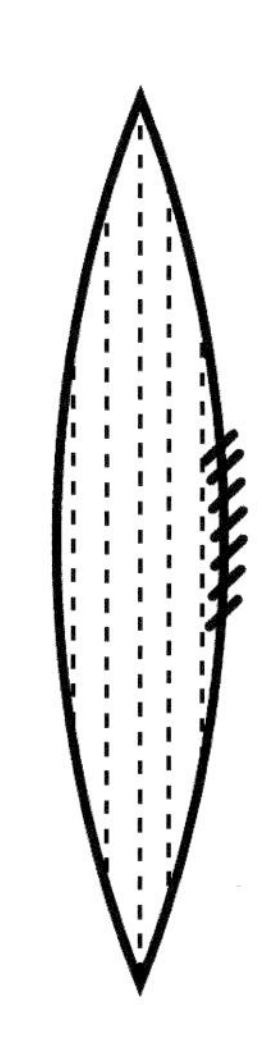

①用平针缝缝合，返口不缝合，剪掉多余的布料。

②从返口翻回正面，将返口缝合，进行压线。

G 缝合

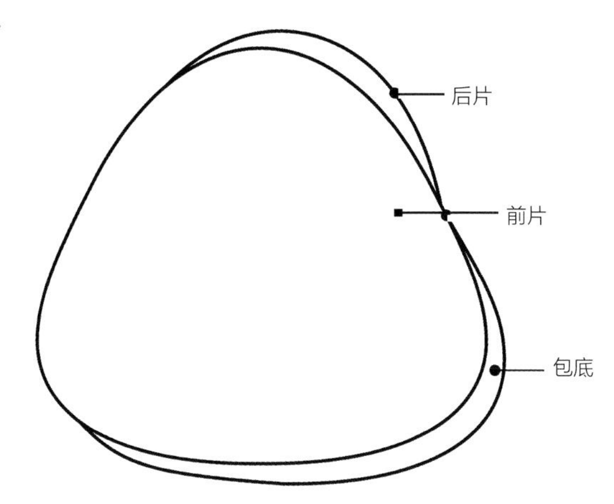

将前片、后片和包底叠合，用藏针缝缝合。

H 安装木手提

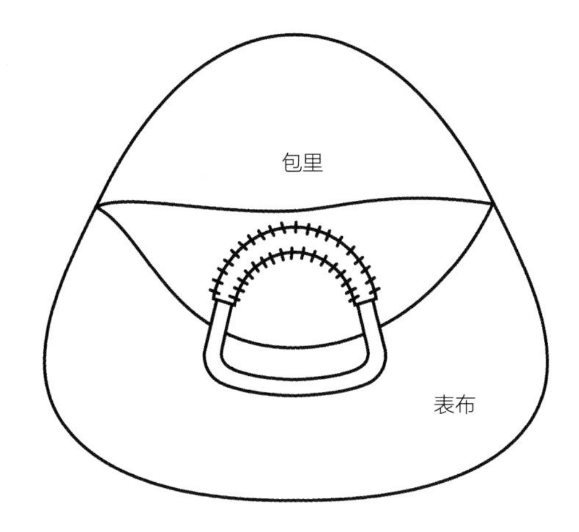

成品

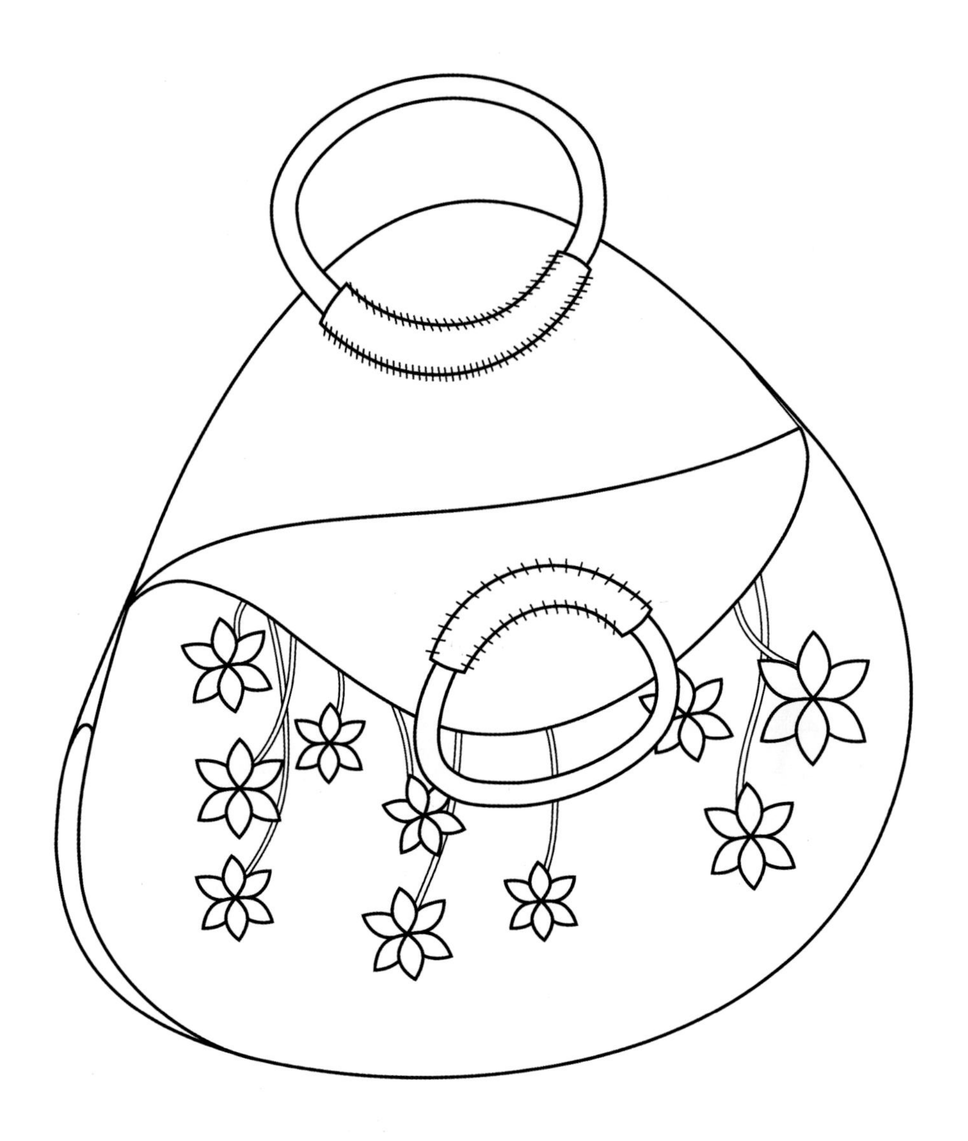

02 椿

材料

表布拼接用面料：5 种

贴布用面料：15 种

里布尺寸：90 cm × 50 cm

铺棉尺寸：90 cm × 50 cm

皮手提尺寸：40 cm

包边条尺寸：150 cm

皮搭扣：一对

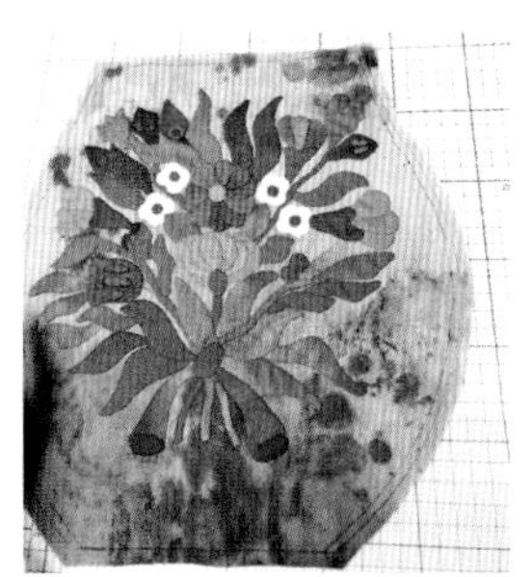

①在表布正面贴布。

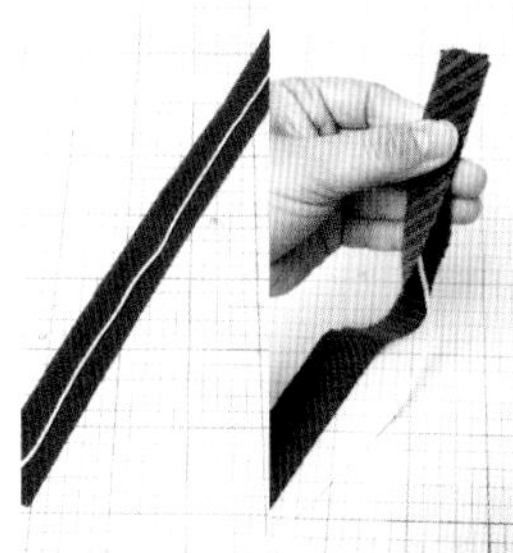

②制作长为 70 cm 的嵌条。在 3.8 cm 宽的先染布包边条里放入一根棉线。

③先将染布对折，采用手缝把棉线固定在里面。

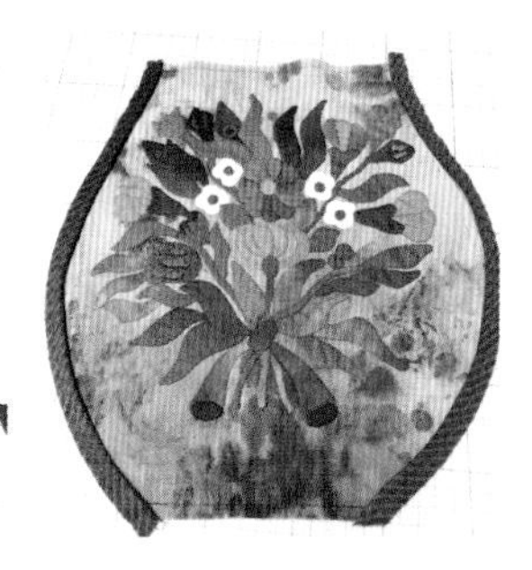

④把嵌条固定在表布的两侧。

⑤缝合好完整的表布。

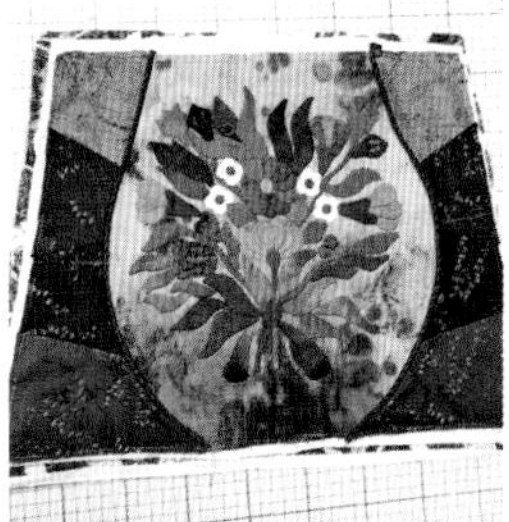

⑥将正面表布、铺棉和里布叠合，并疏缝固定。

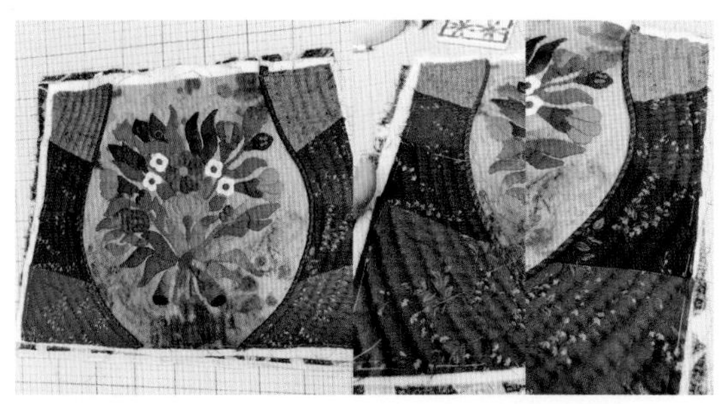

⑦压线。

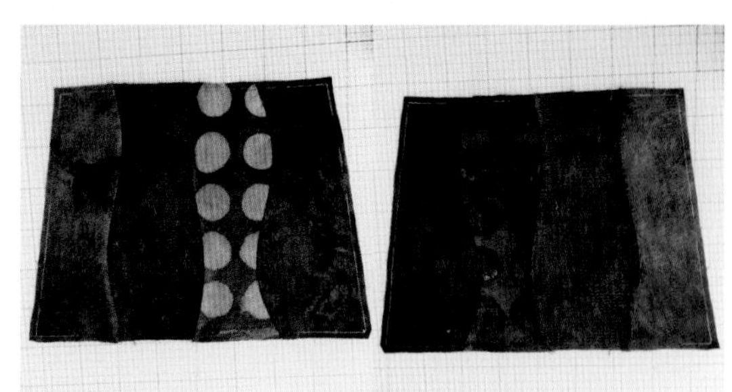

⑧后片布料拼接。

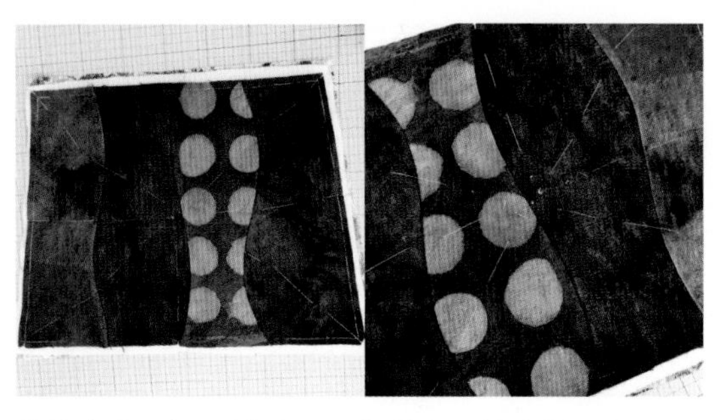

⑨将表布正面、铺棉和里布叠合，并疏缝固定。

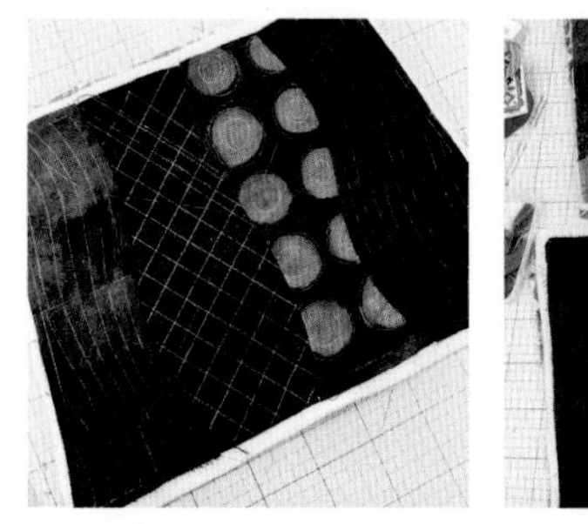

⑩用水消笔或者热消笔画压线纹路。

⑪将后片进行压线。

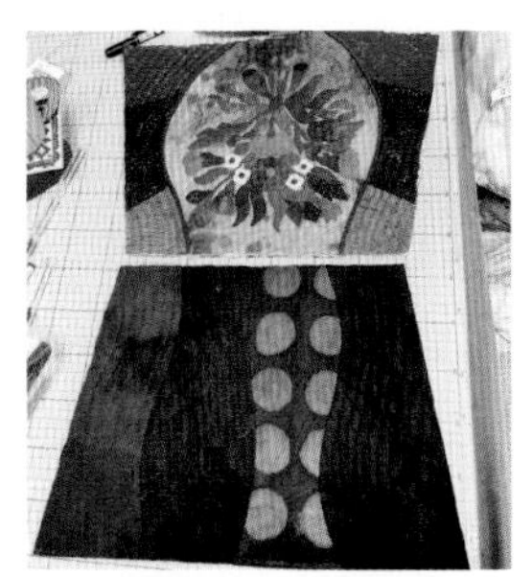

⑫将多余布料剪去，修剪成所需大小。

⑬将前片正面与后片正面相对叠合。

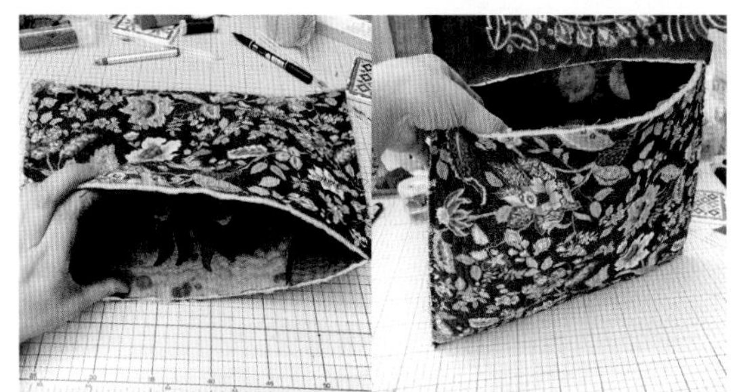

⑭把两侧和底部缝合。

⑮翻回正面，把两侧底布收进去 8 cm。

⑯外面采用藏针缝缝合，剪掉里面多余的布料，然后包边。

⑰选一条 70 cm 长的包边条在包口围一圈，并用固定针固定。

⑱在距包口 1 cm 处缝合一圈。

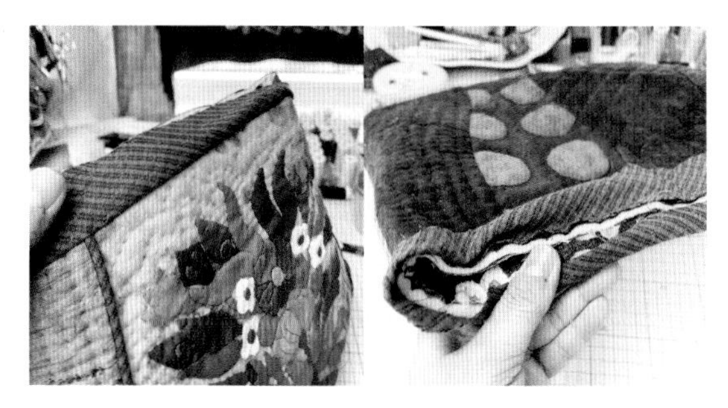

⑲翻回包内里，采用卷针缝将包边条缝合。

⑳在包口处安装皮搭扣。

㉑安装上皮手提，就完成了。

03 青花

材料

表布拼接用面料：11 种
贴布用面料：8 种
里布尺寸：100 cm × 40 cm
铺棉尺寸：100 cm × 40 cm
包边条尺寸：250 cm
手提尺寸：36 cm

A 制作花瓣

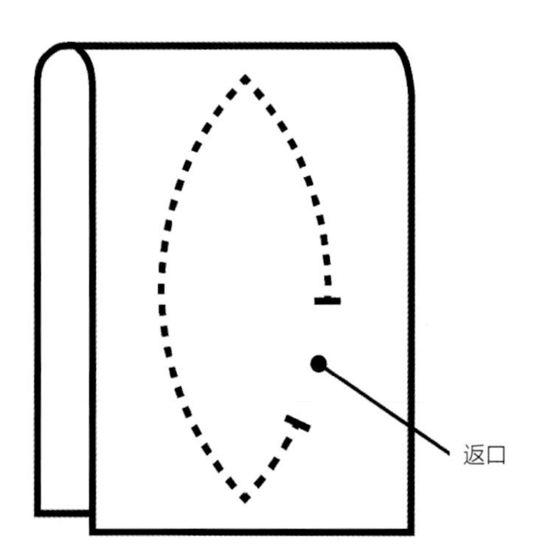

①沿虚线用平针缝缝合，返口不缝合。

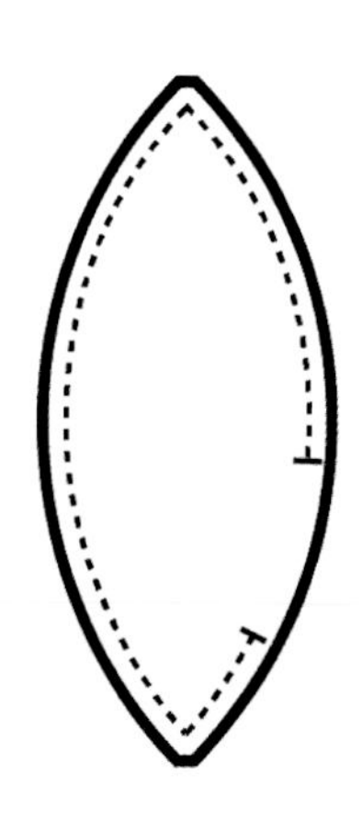

②剪掉多余布料，翻回正面。

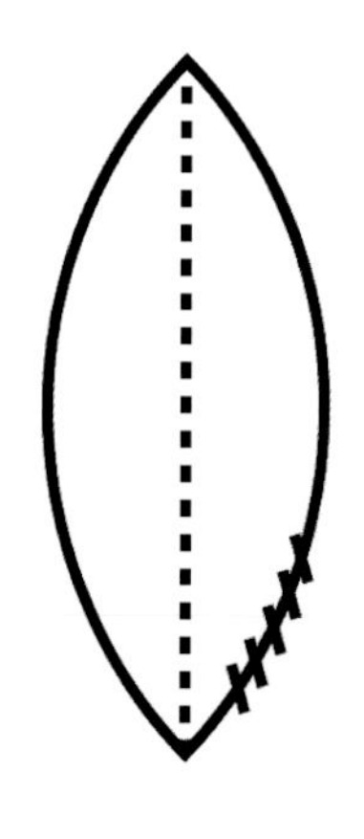

③缝合返口，中间用平针缝缝合。

B 贴花缝合

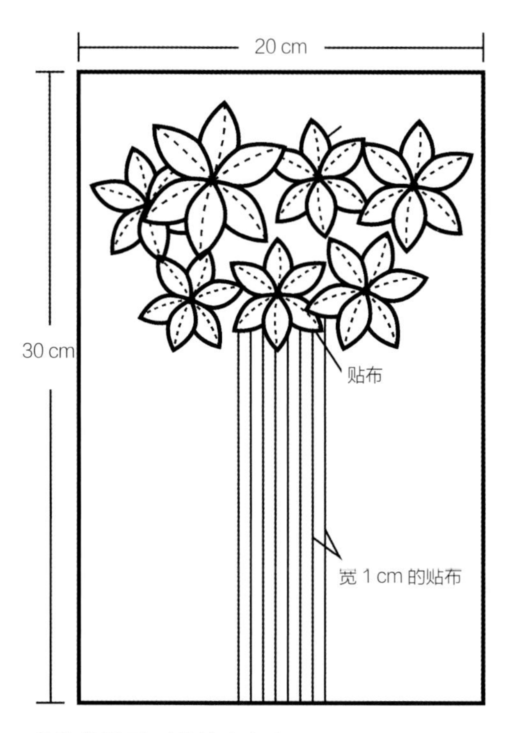

①将花瓣贴到前片表布上。

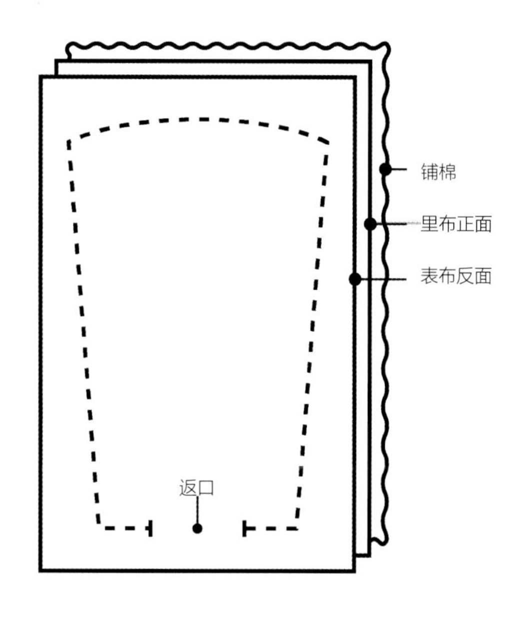

②沿虚线处用平针缝缝合，返口不缝合，剪掉多余的布料。

③从返口翻回正面，缝合返口，进行压线。后片与前片是同样的尺寸，制作方法也相同。

C 侧片（2 个）

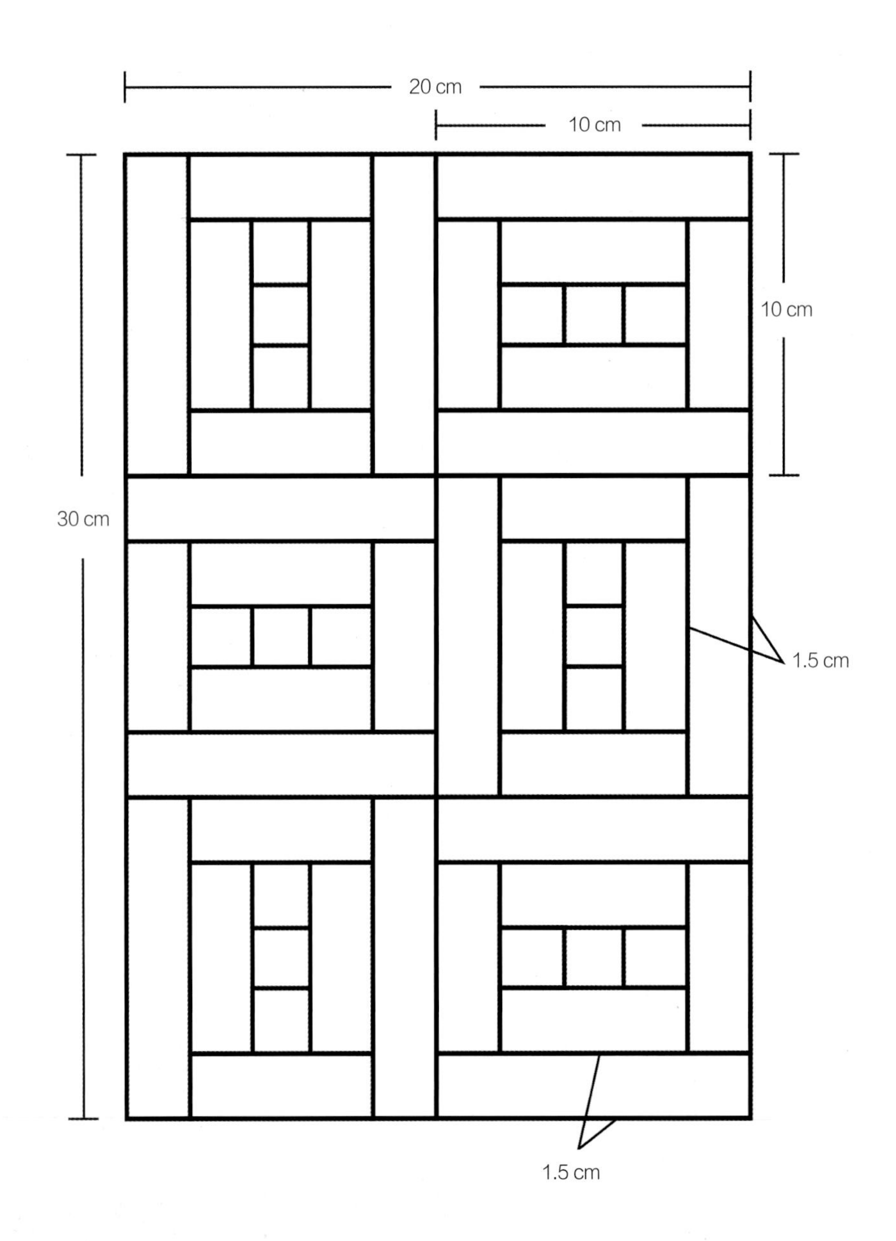

将布条 2.5 cm 的宽侧边各缝进去 0.5 cm 缝份，剩 1.5 cm 和前片一样用翻缝的方式，按同样尺寸完成 2 个侧片的缝制。

包底

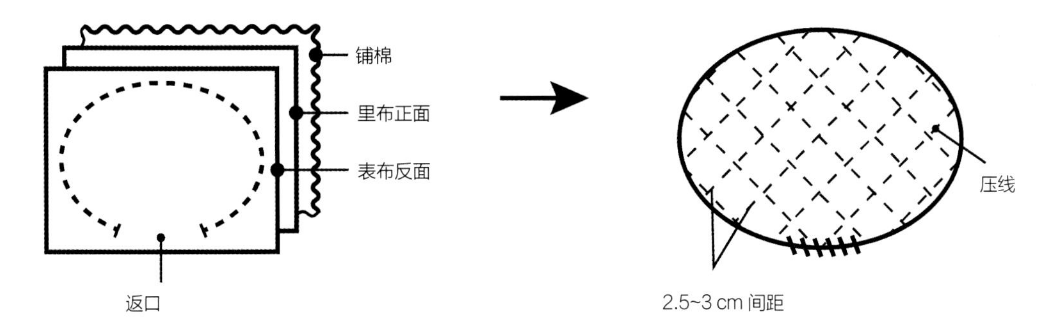

沿虚线缝合，再从返口翻回正面。缝合返口，进行压线。

整体缝合

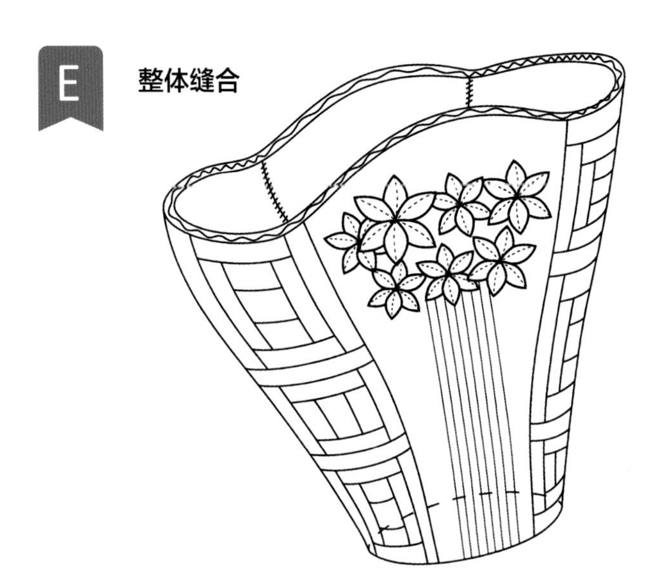

用藏针缝将前片、后片以及 2 个侧边缝合（里外都缝）。

包口包边

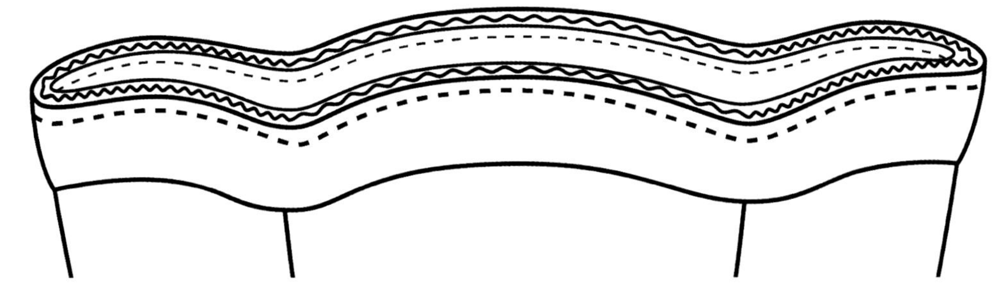

包边条宽 3.8 cm，在距包口 0.7 cm 处采用平针缝进行绲边。

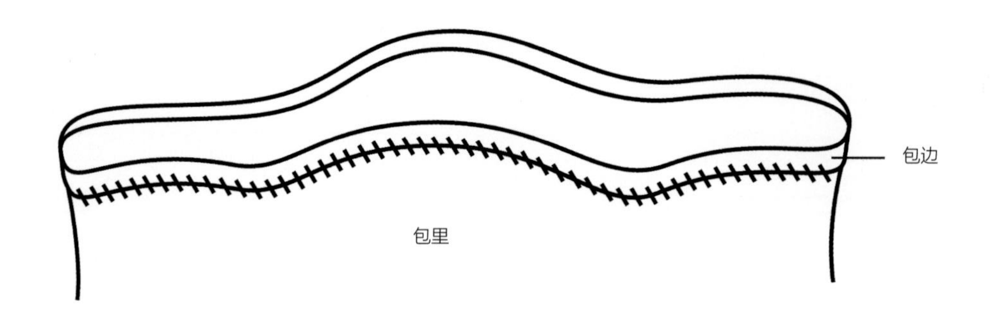

G 安装手提

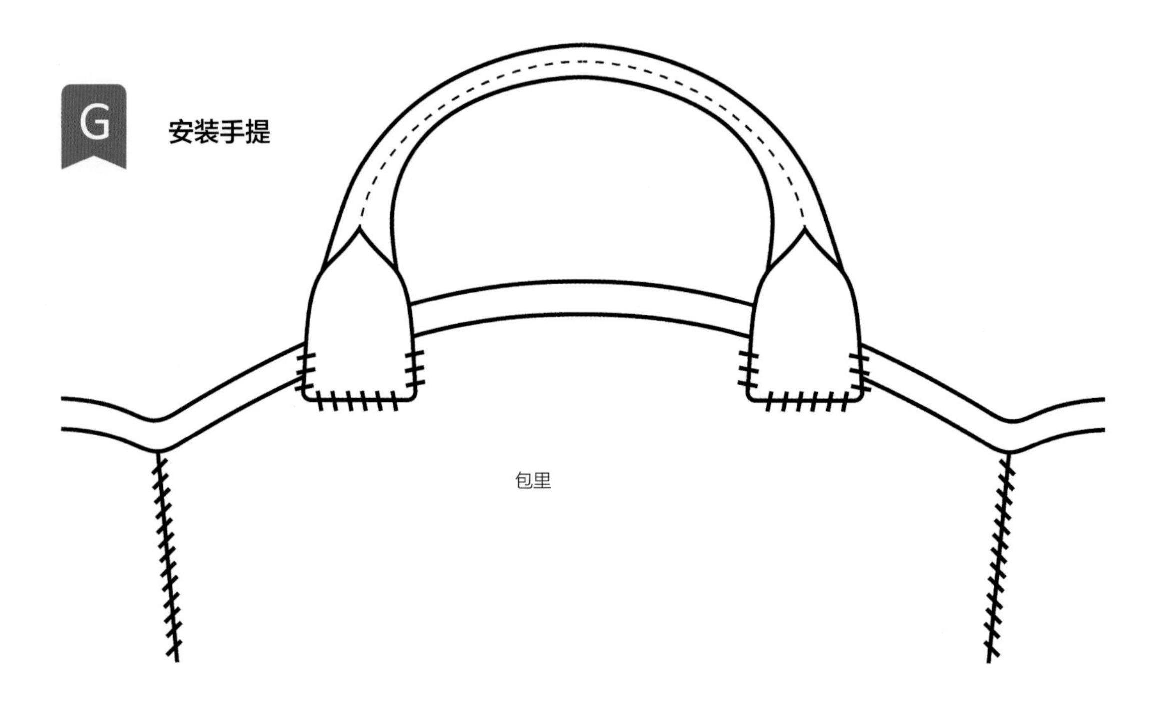

用平针缝安装手提。

04 玉兰花开

材料

表布拼接用面料：2 种
贴布用面料：5 种
里布尺寸：110 cm × 40 cm
铺棉尺寸：110 cm × 40 cm
包边条尺寸：220 cm
皮手提尺寸：42 cm
拉链尺寸：40 cm

A 表布贴布

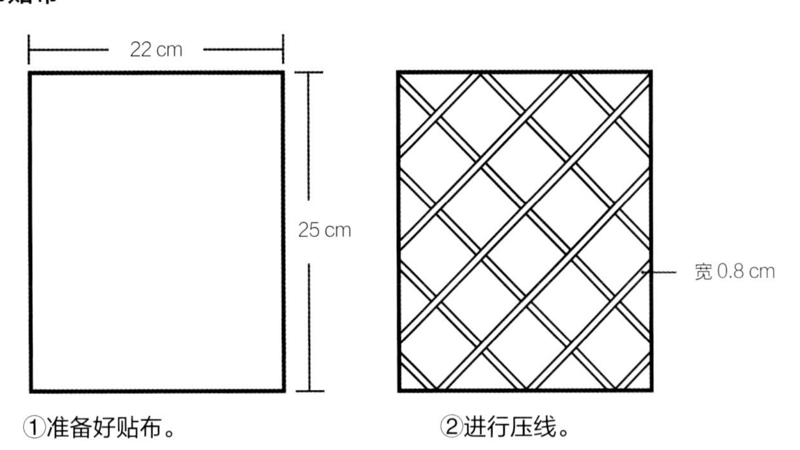

①准备好贴布。　②进行压线。

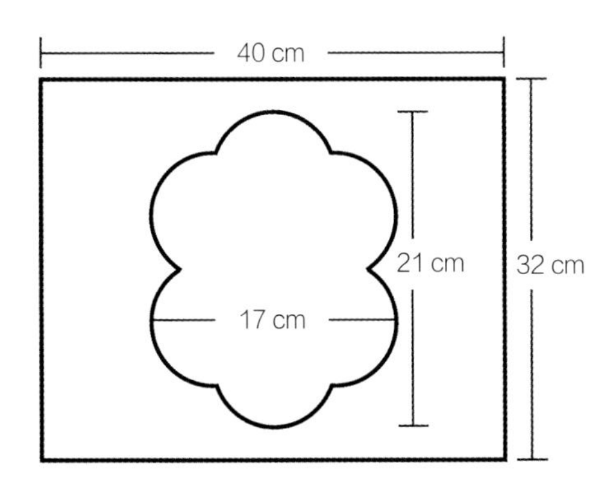

③准备表布。

④将贴布放在表布下面。

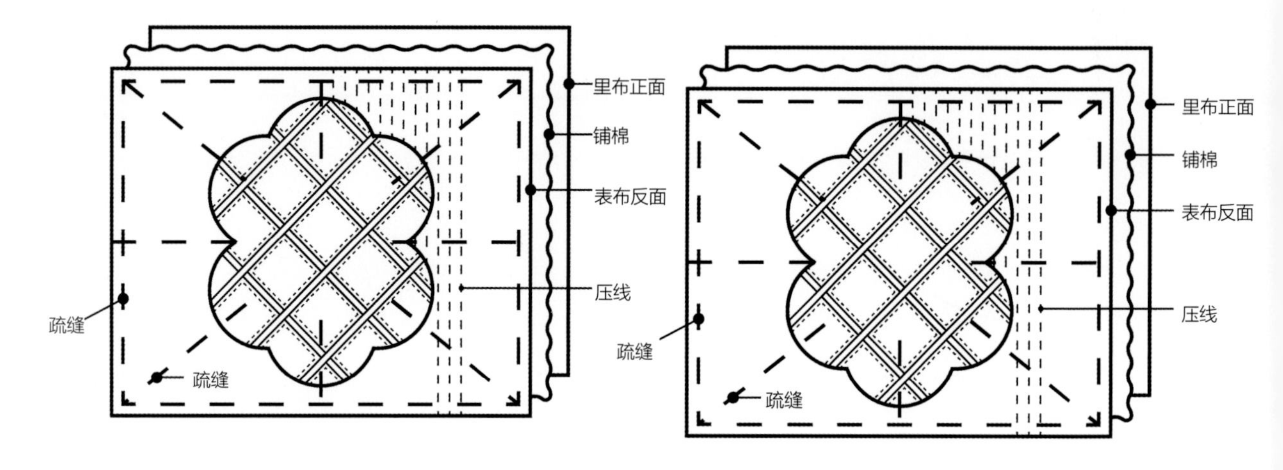

⑤将贴布表布、铺棉和里布叠合，并疏缝固定，然后在部分区域进行压线。

⑥采用同样的方法完成后片。

整体缝合

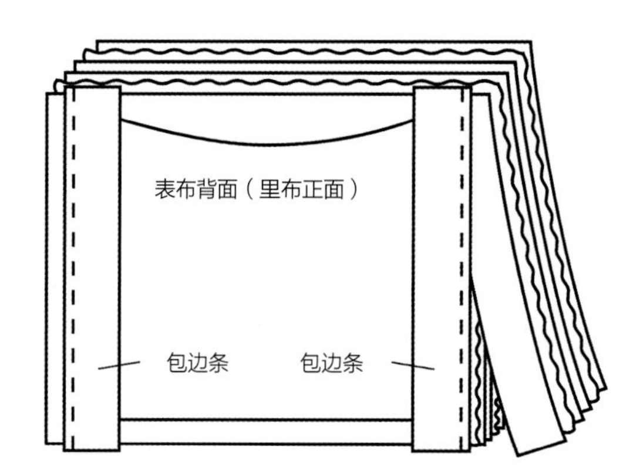

将前片正面与后片正面相对叠合，两边加上包边条，用车缝线缝合，将多余的布料裁掉。

包边

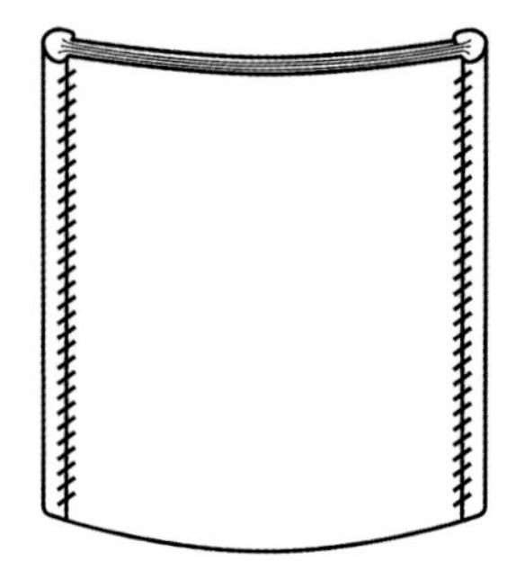

将侧边包边条缝合固定。

D 包口包边

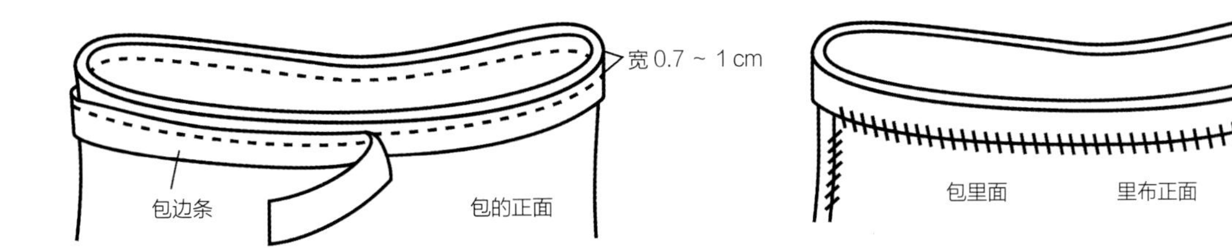

①先将包边条在包的正面缝合固定。

②在包里面将包边条与里布正面进行缝合固定。

E 包底

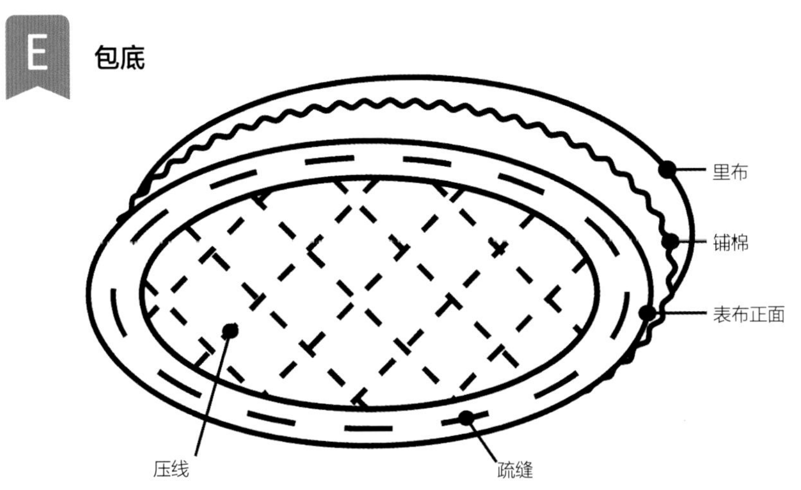

将包底的表布正面、铺棉和里布叠合，疏缝缝合，进行压线。

F 包底包边

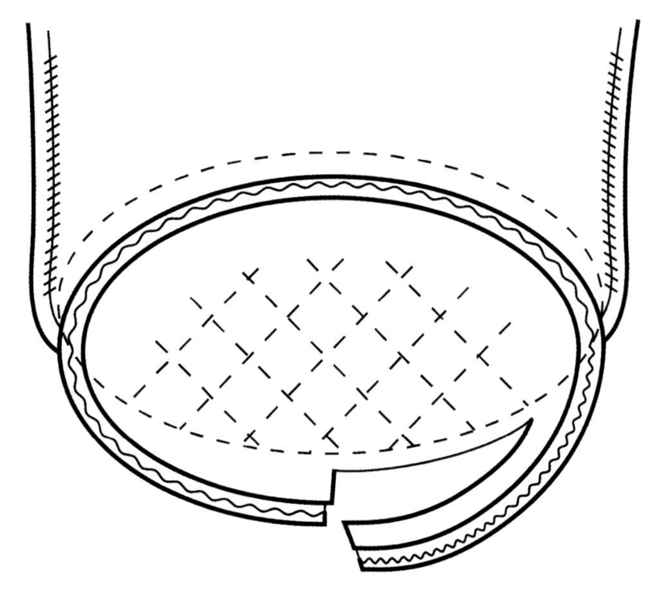

在包底进行包边，方法同包口包边。

G 叶子（7 片）

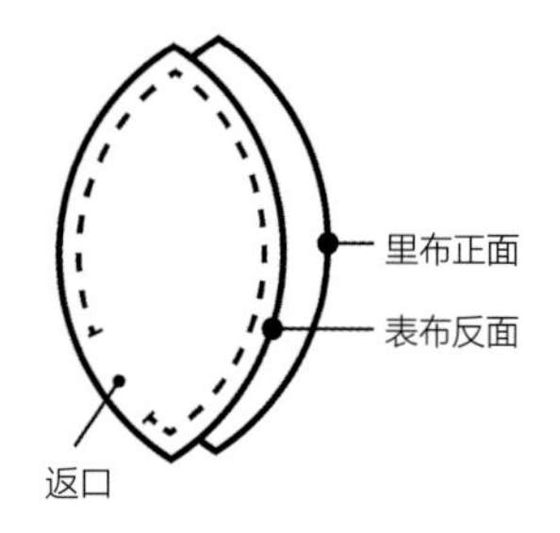

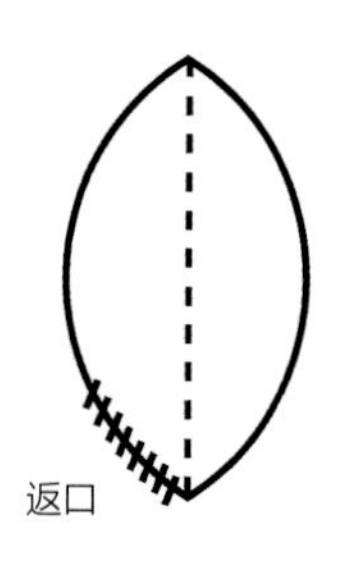

①将里布正面与表布反面叠合，用平针缝缝合，留出返口。

②从返口翻回正面，并缝合返口。中间沿虚线采用平针缝缝合。

H 花瓣

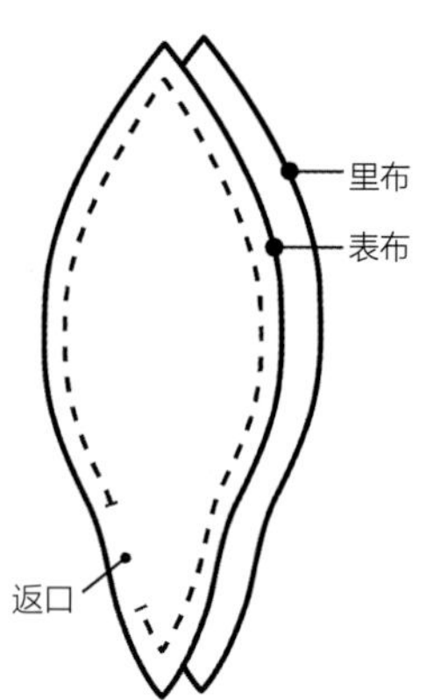

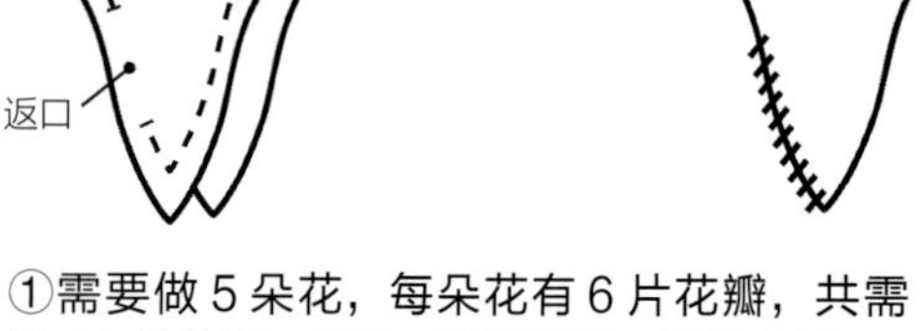

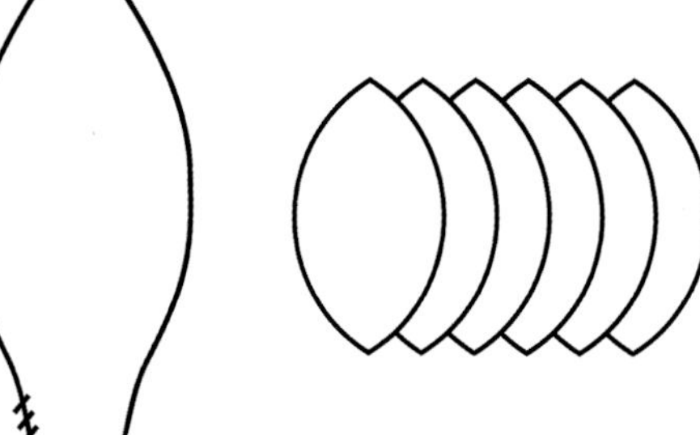

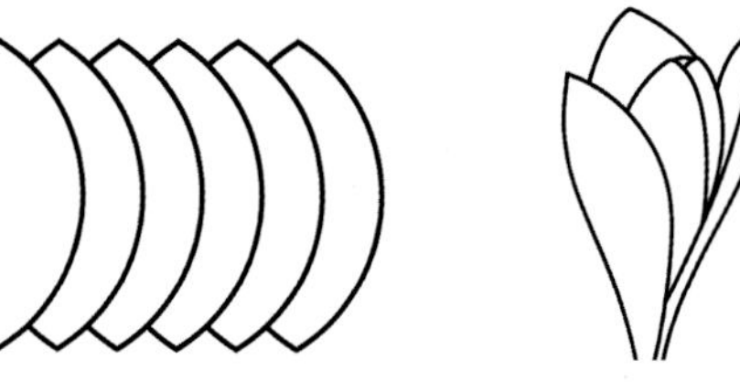

①需要做 5 朵花，每朵花有 6 片花瓣，共需做 30 片花瓣。从返口翻回正面，再缝合返口。

②将 6 片花瓣叠在一起，卷起来就成了一朵玉兰花（里面 3 片花瓣，外面 3 片花瓣）。

I 安装皮手提

05 柿子染水桶包

材料

表布拼接用面料：12 种
贴布用面料：20 种
里布尺寸：110 cm × 40 cm
铺棉尺寸：110 cm × 40 cm
皮肩带尺寸：60 cm
包边条尺寸：180 cm
磁扣：一对

A 前片

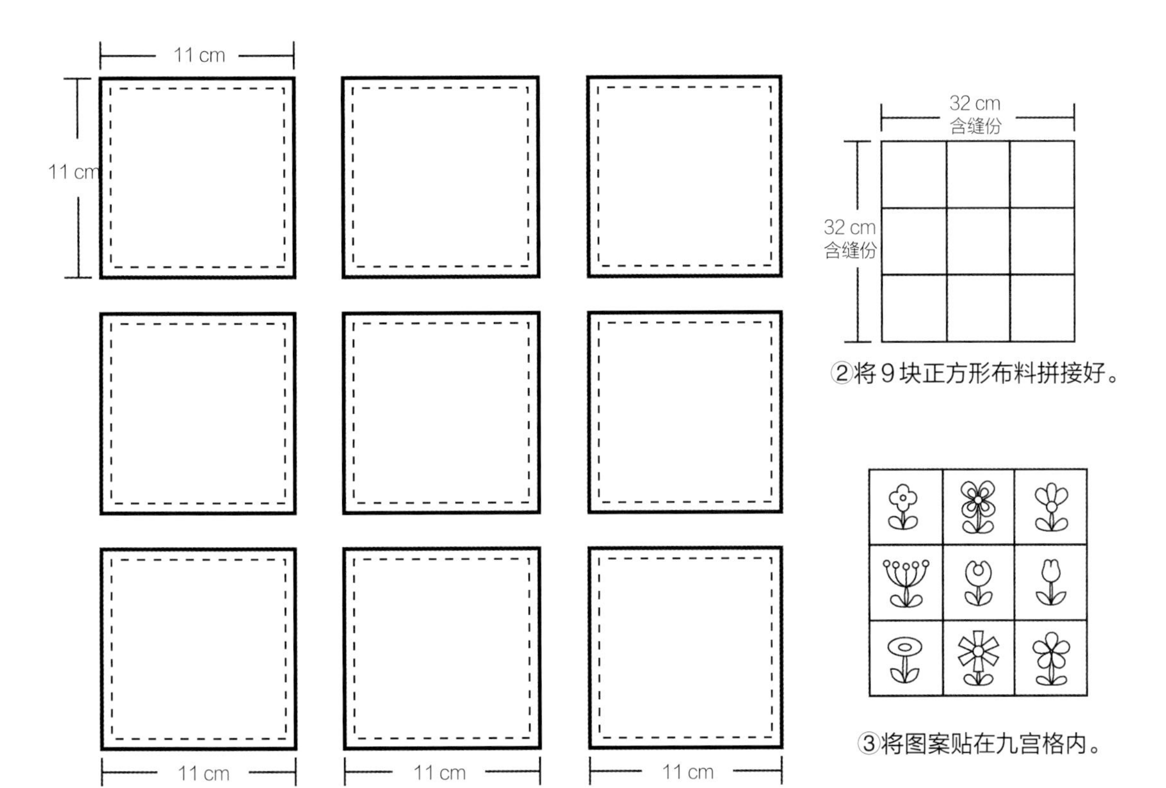

①准备 9 块边长为 11 cm 的正方形布料。

②将 9 块正方形布料拼接好。

③将图案贴在九宫格内。

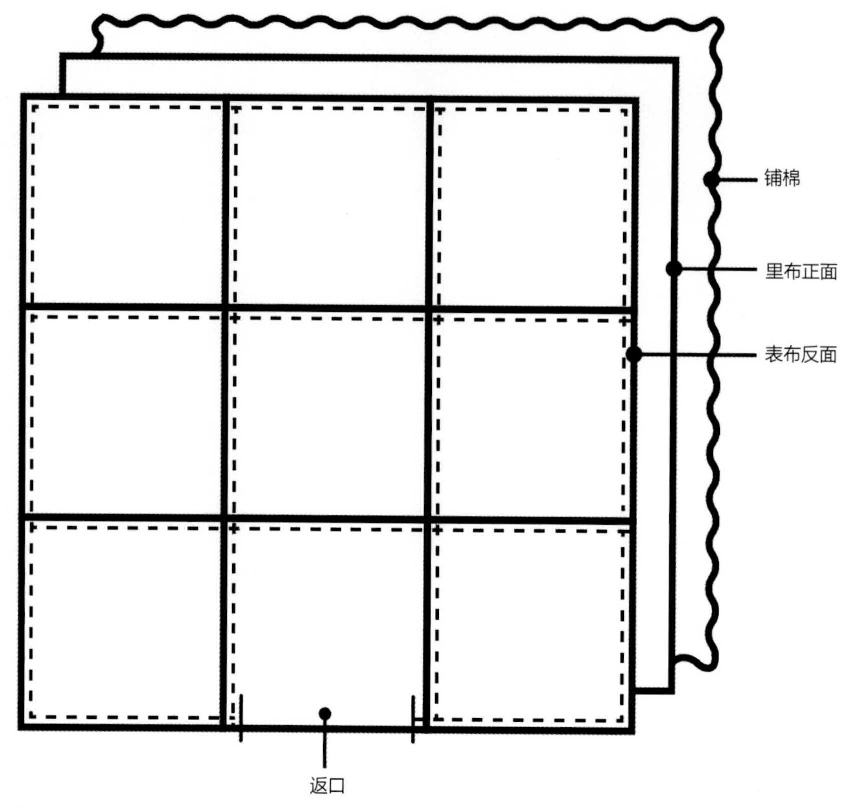

④将表布、里布、铺棉叠合，用平针缝缝合，返口不缝合。

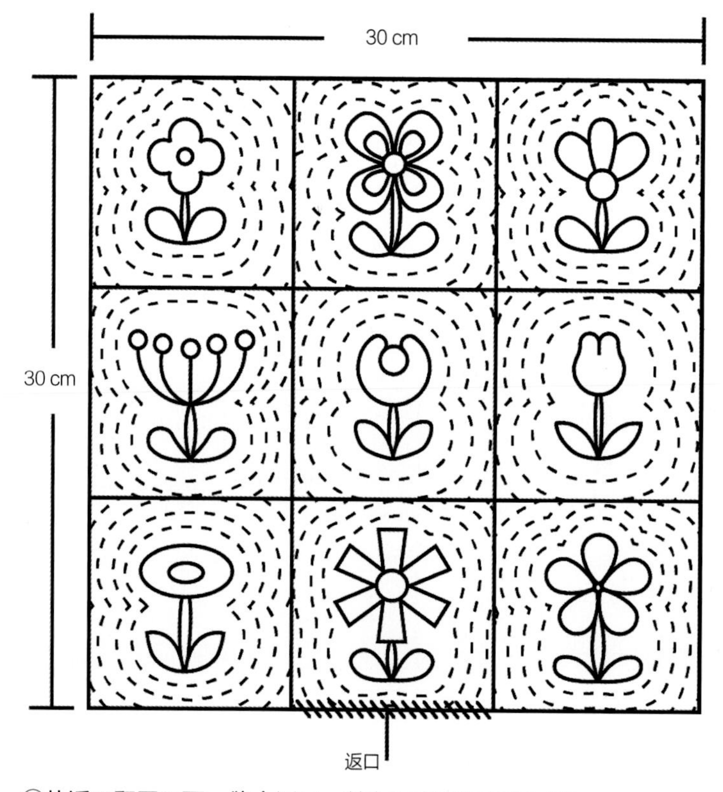

⑤从返口翻回正面，缝合返口，并在图案周围进行压线。

B 后片

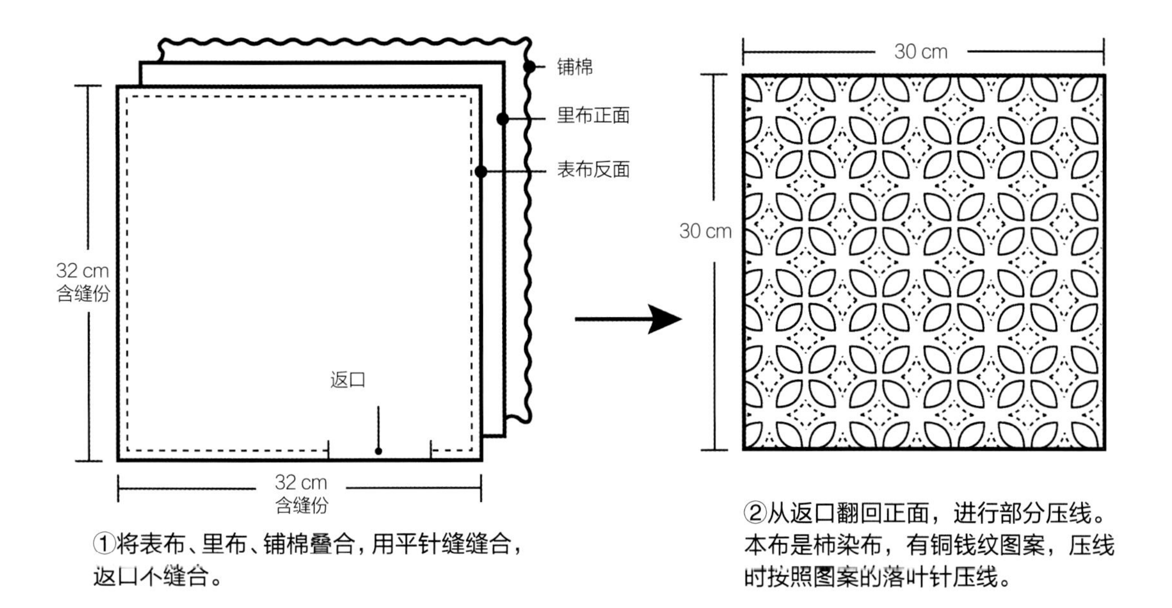

①将表布、里布、铺棉叠合，用平针缝缝合，返口不缝合。

②从返口翻回正面，进行部分压线。本布是柿染布，有铜钱纹图案，压线时按照图案的落叶针压线。

C 包底

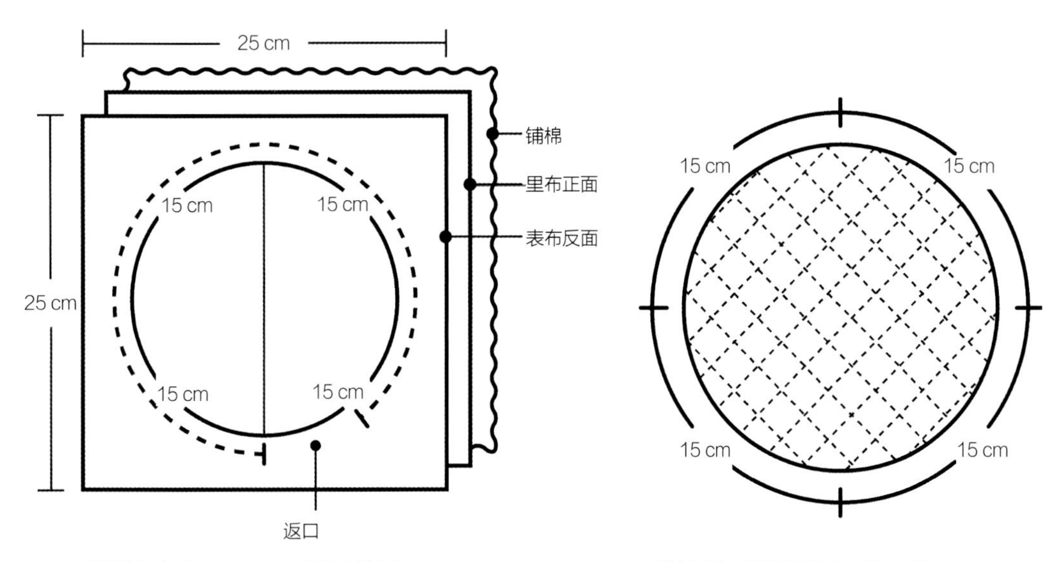

①以周长为 60 cm 的圆形缝制。

②从返口翻回正面，缝合返口，进行压线。

整体缝合

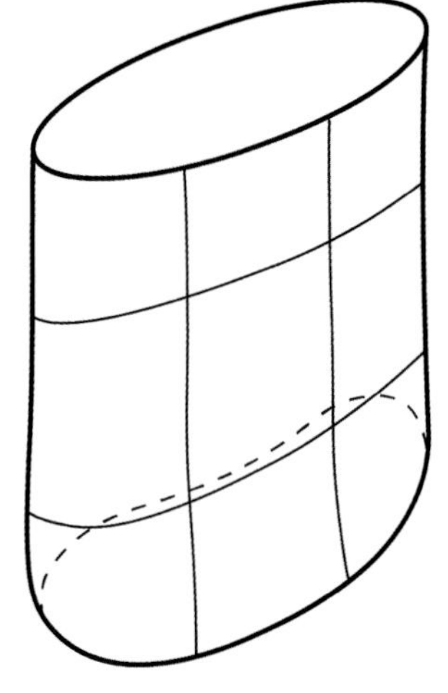

用藏针缝缝合前片、后片和包底。

包边

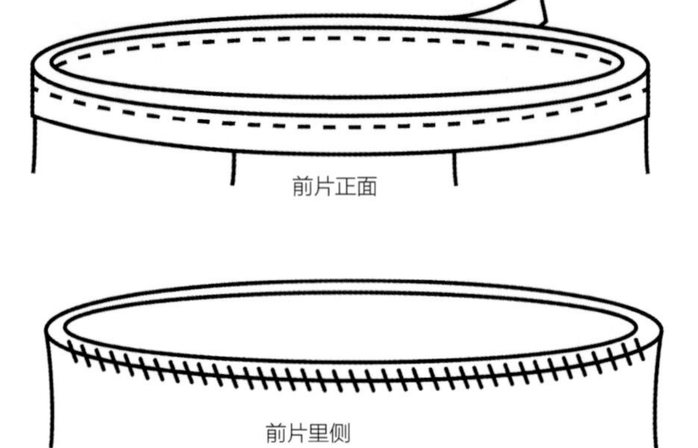

安装铁环

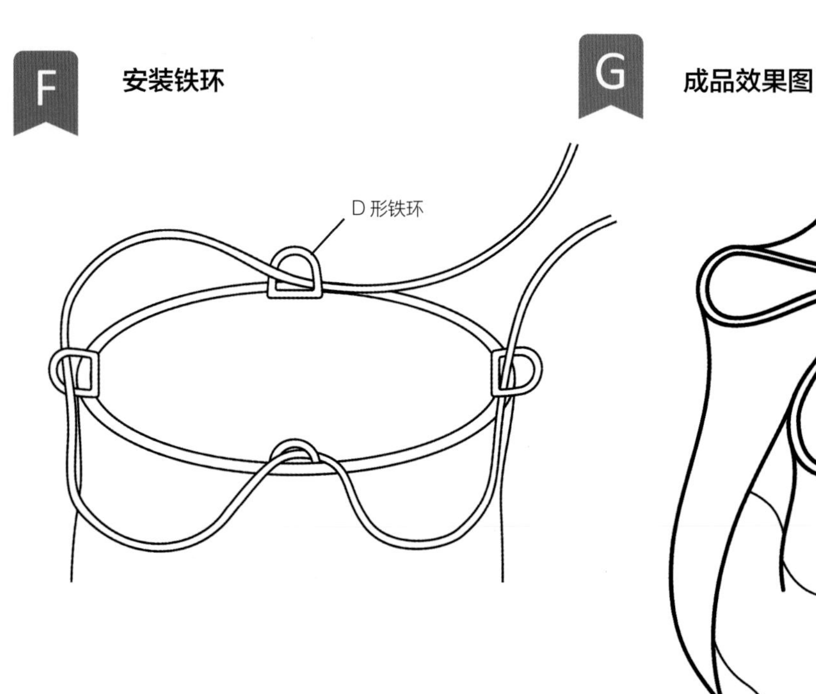

成品效果图

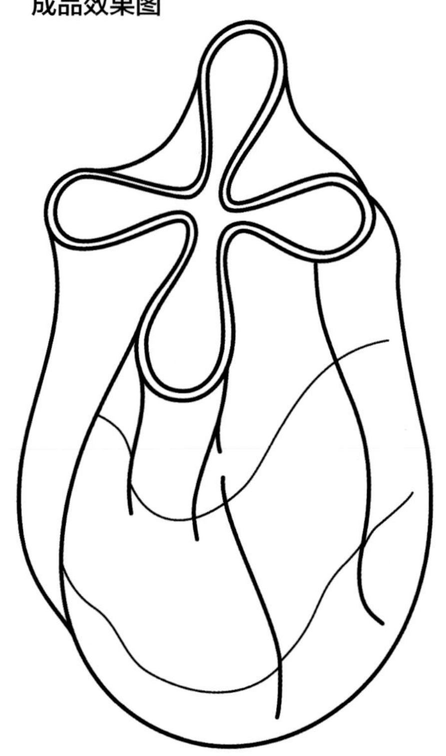

06 九宫图单肩包

材料

表布拼接用面料：11 种
贴布用面料：20 种
里布尺寸：100 cm × 40 cm
铺棉尺寸：100 cm × 40 cm
皮肩带尺寸：60 cm
包边条尺寸：125 cm

A 图案形状

包盖

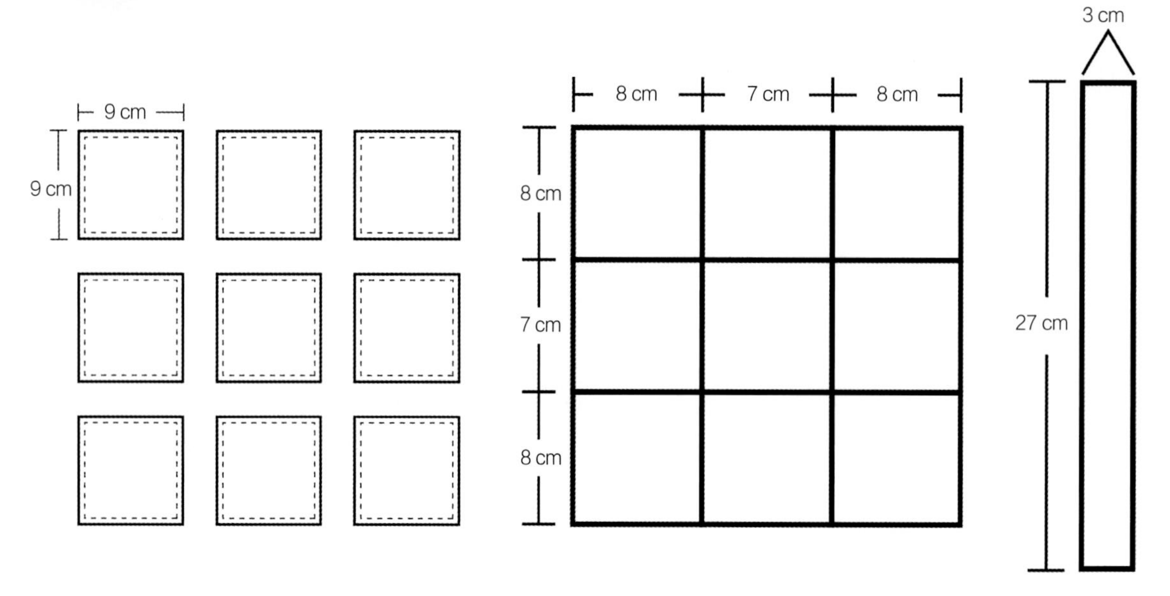

①准备 9 块边长为 9 cm 的正方形布料，以及 4 块长为 27 cm、宽为 3 cm 的布料。

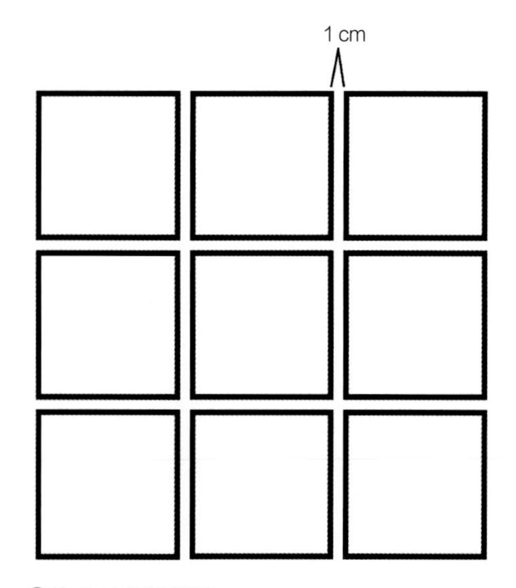

②将 9 块布料拼接。

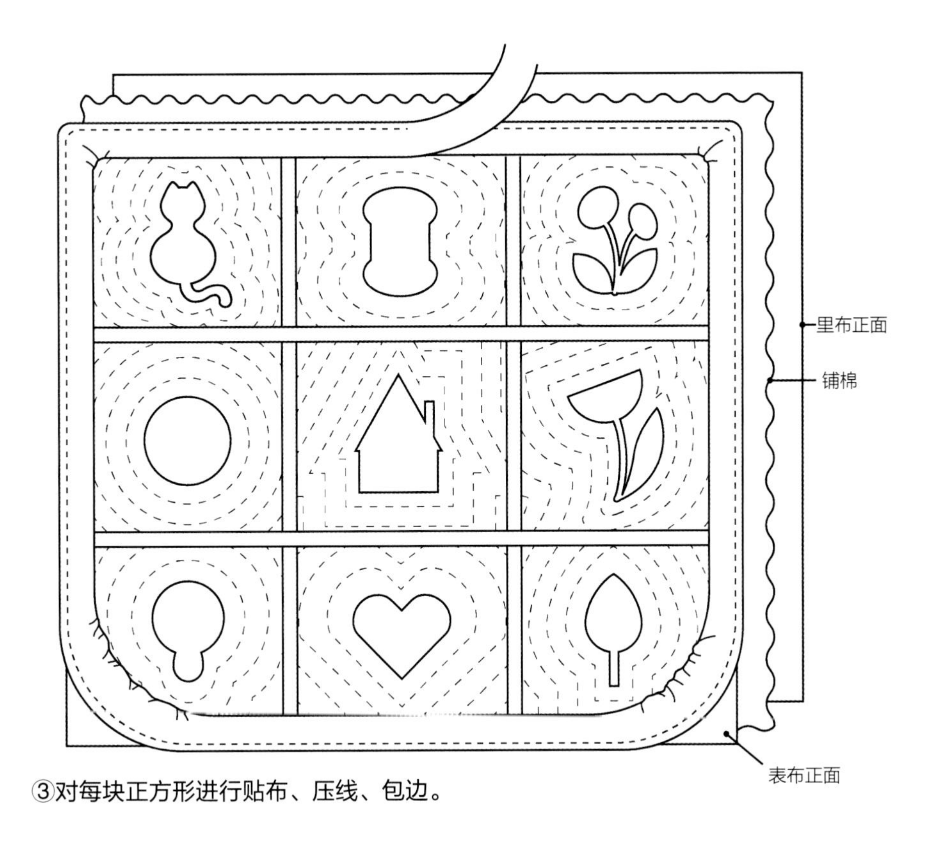

③对每块正方形进行贴布、压线、包边。

C 前片和后片

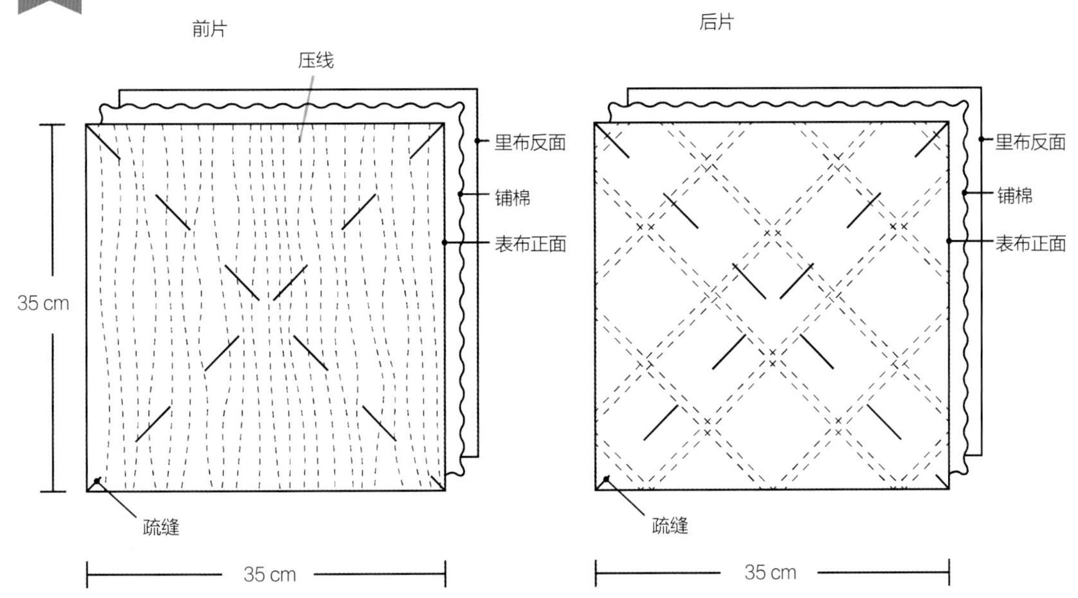

①将前片和后片的里布、铺棉和表布分别叠合缝合，并压线。

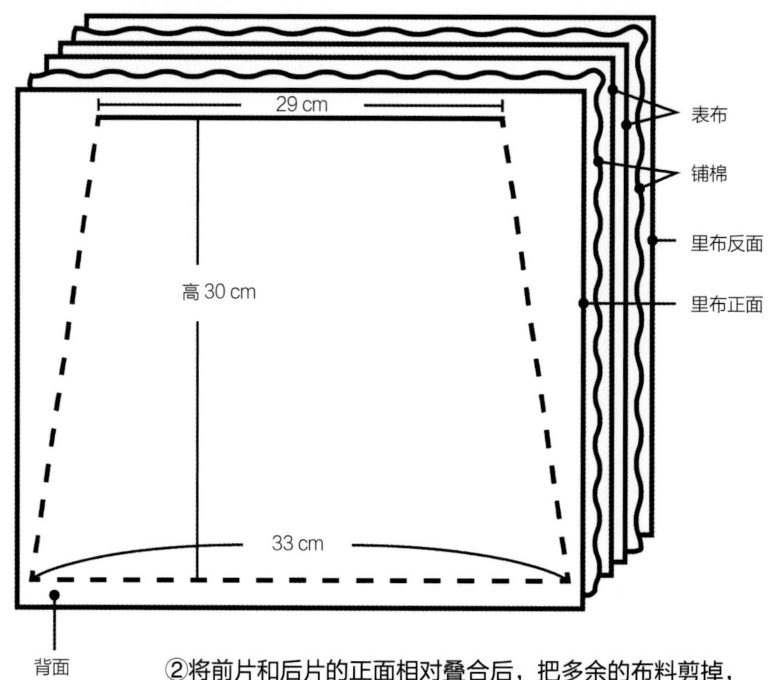

②将前片和后片的正面相对叠合后，把多余的布料剪掉，离缝合线 1 cm，用平针缝缝合。

包口包边

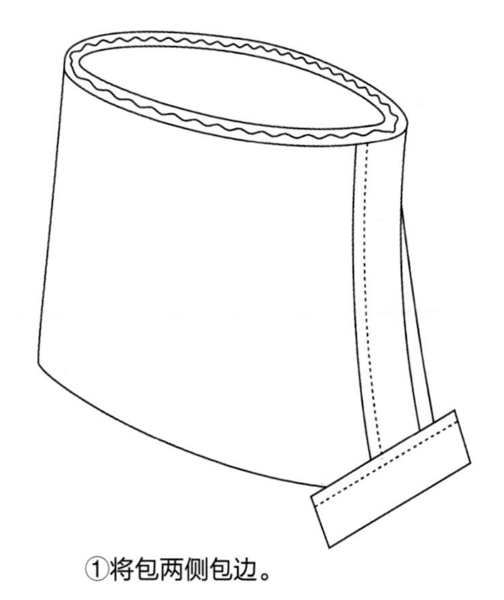

①将包两侧包边。

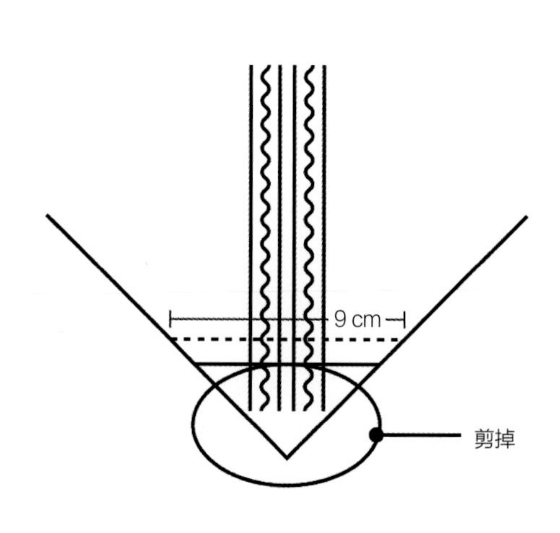

②在包侧两边，沿虚线采用平针缝缝合。

③包口包边。

E 侧面效果图

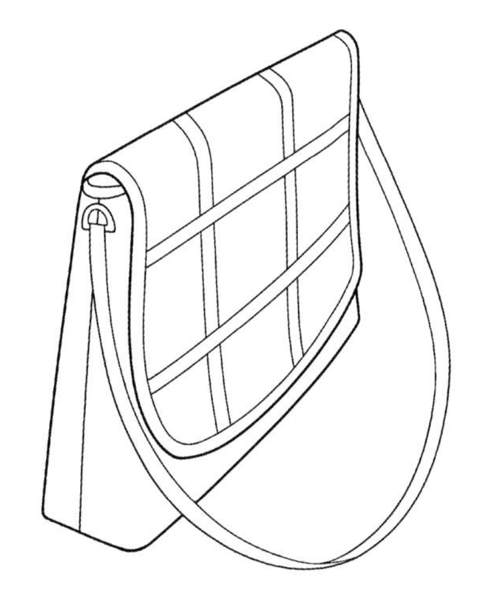

F 背面效果图

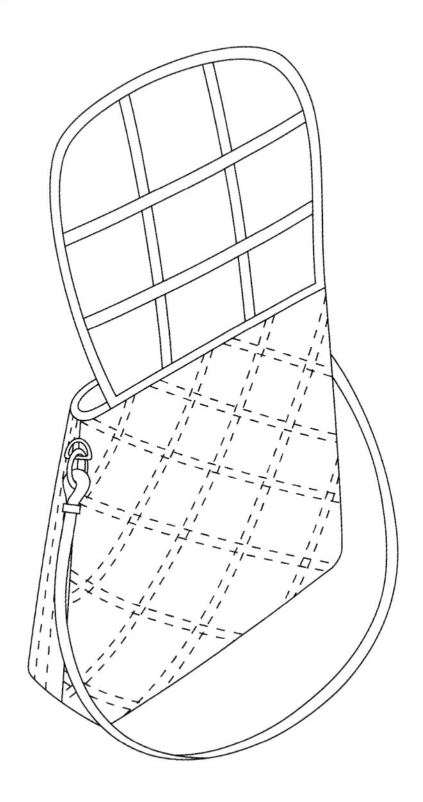

07 吉祥

材料

表布拼接用面料：5 种
贴布用面料：10 种
里布：100 cm × 80 cm
铺棉：100 cm × 80 cm
皮手提：40 cm
包边条：240 cm
拉链：45 cm

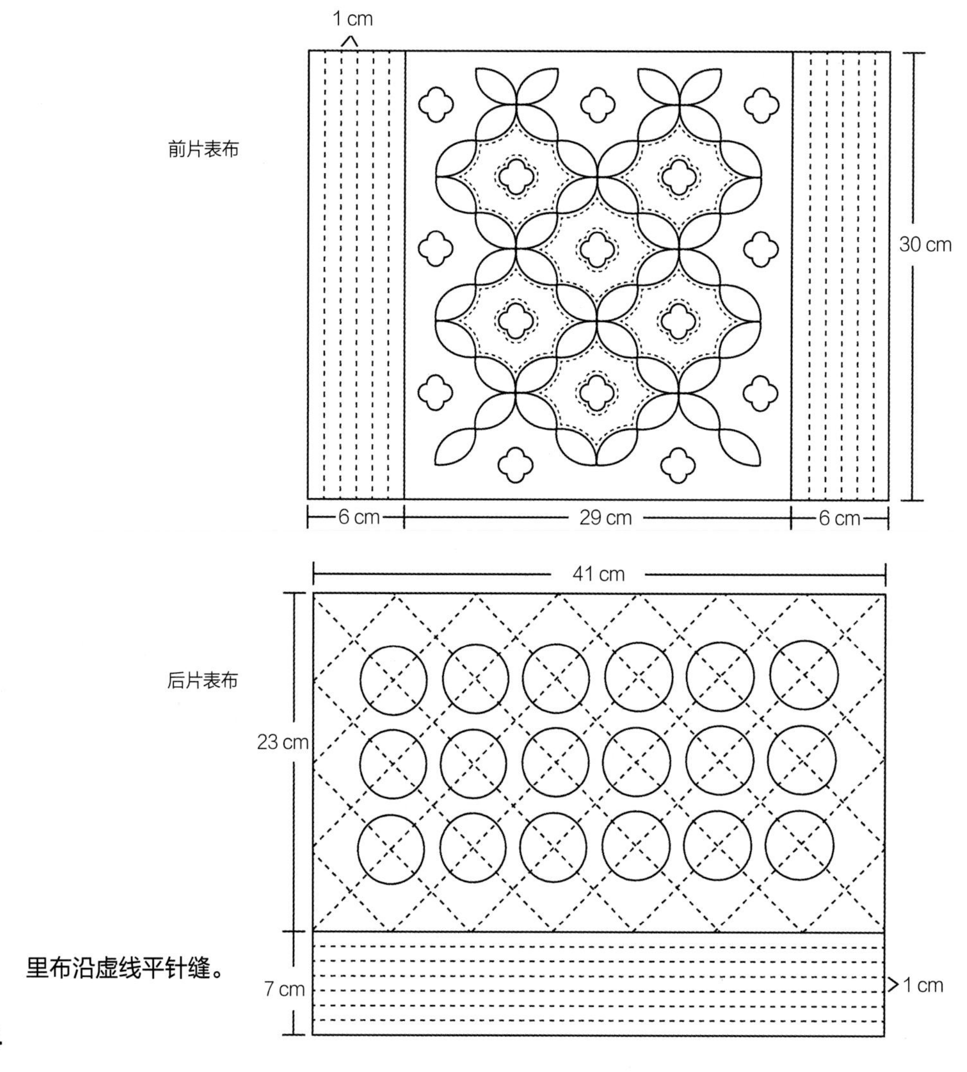

里布沿虚线平针缝。

①完成前片表布。将中间的柿染布和两边的印花布拼接。

②完成四叶草贴布，以梅花为中心，菱形排列。

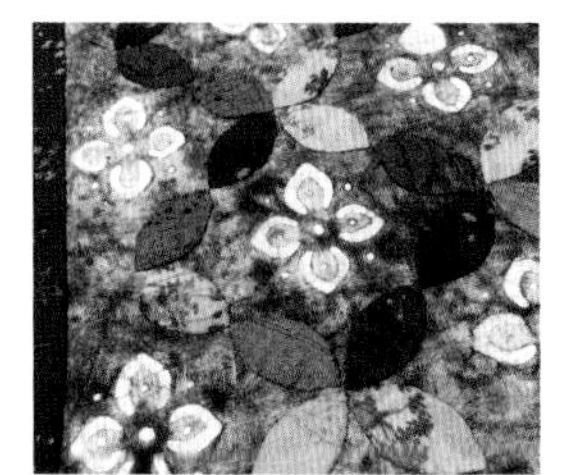

③完成贴布。

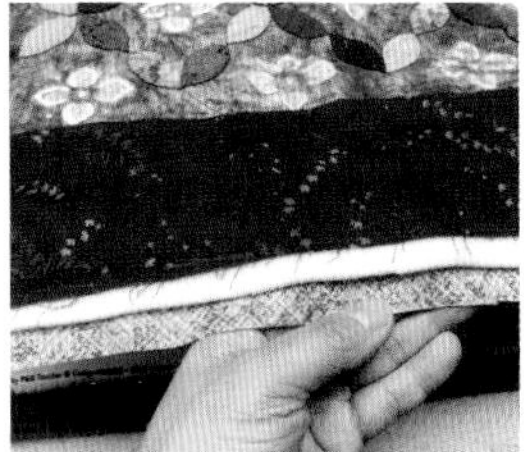

④表布正面下是铺棉，最下面是里布，将其疏缝固定后准备压线。

⑤两侧为竖条压线，间隔 1 cm。

⑥中间部分按叶子的贴布形状，采用落叶针压线。

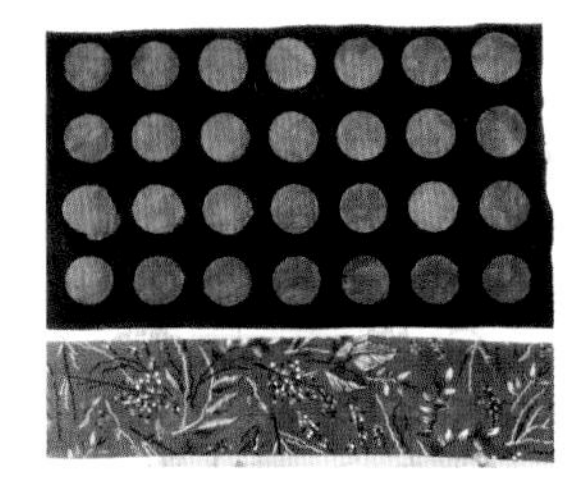

⑦准备后片上面的蓝染布和下面的印花布，上下拼接。

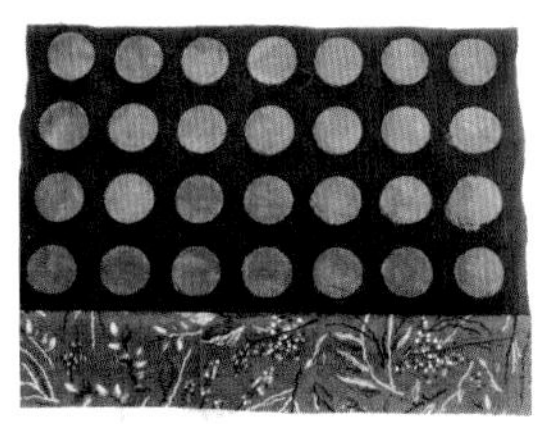

⑧完成后片表布。

⑨准备紫色绢，剪出 18 个圆形布料。

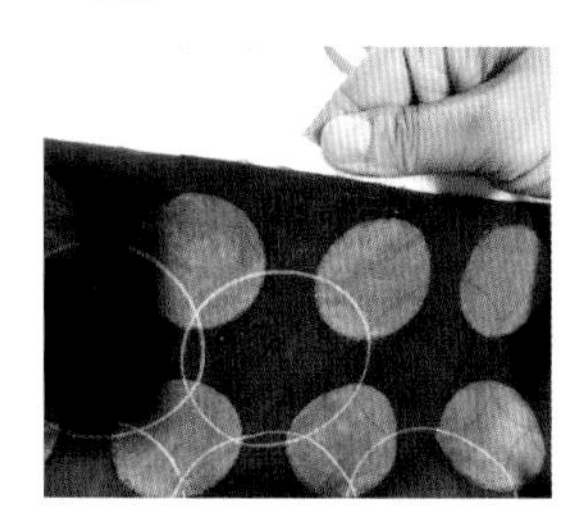

⑩在后片表布上画好紫色绢的位置。

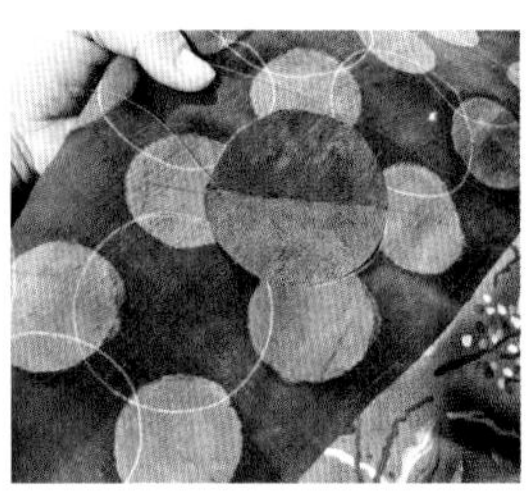

⑪用固定针固定。

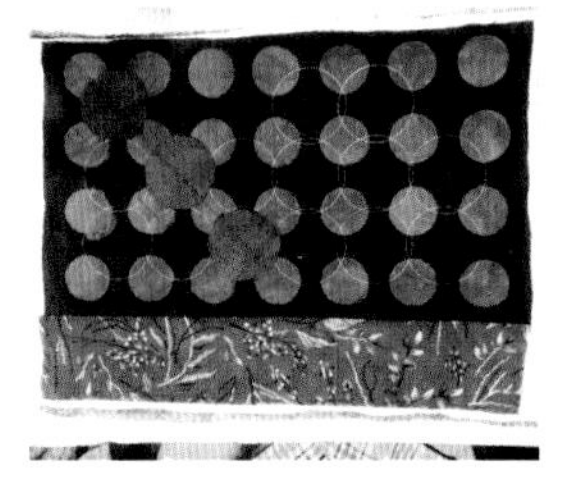

⑫将表布、铺棉、里布放好，并疏缝固定。紫色绢只是放在表布上面，并不是做贴布，需要一边压线一边固定。

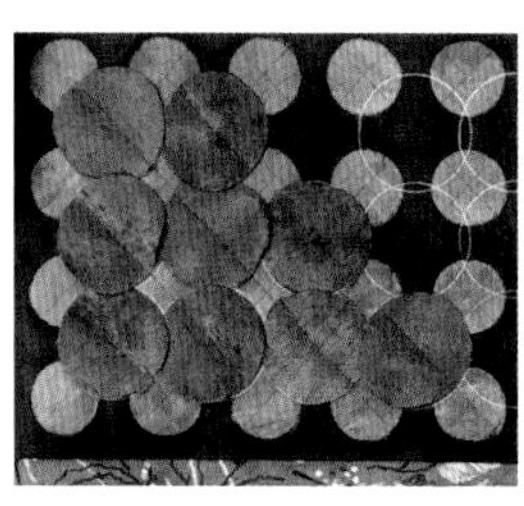

⑬压线的纹路是在紫色绢上面菱形交叉。

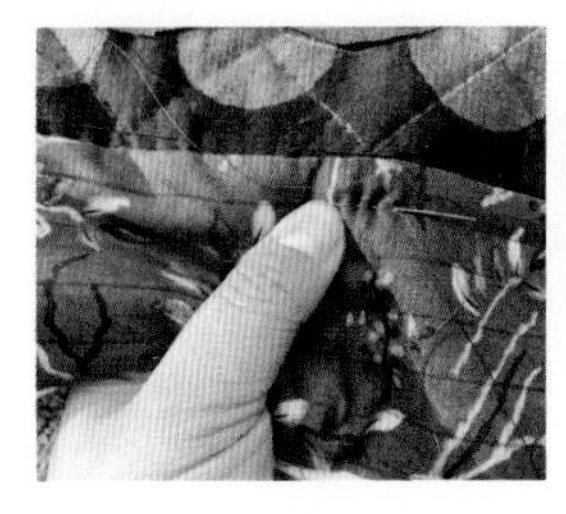

⑭下面印花布部分为横纹压线，间距为 1 cm。

⑮完成后片。

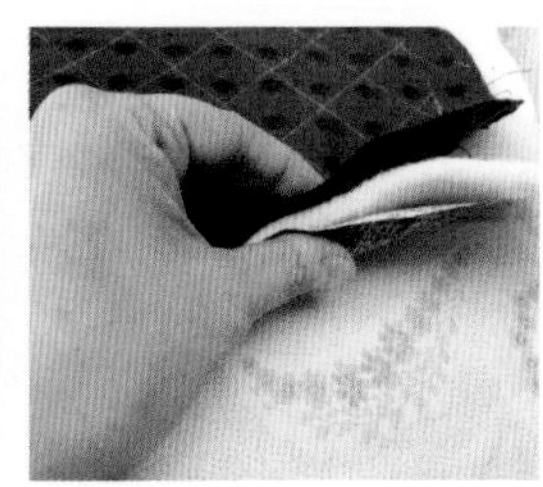

⑯制作包底，先将染布、铺棉和里布进行疏缝。

⑰采用菱形压线，间距为 2.5 cm。

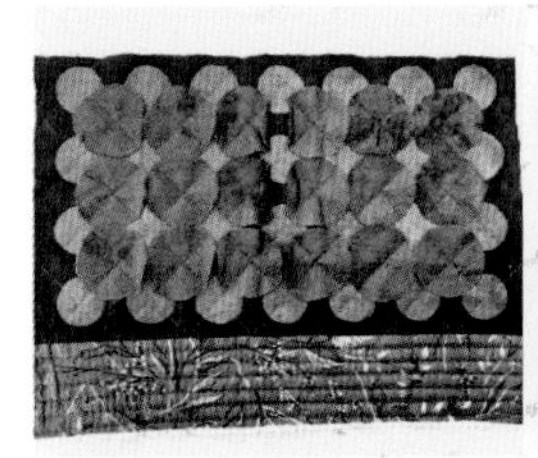

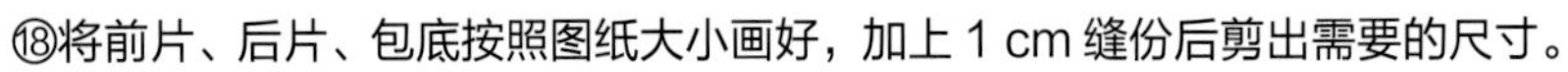

⑱将前片、后片、包底按照图纸大小画好，加上 1 cm 缝份后剪出需要的尺寸。

⑲将前片和后片的正面相对叠合后，在距两侧 1 cm 处缝合，缝合时把包边条一起缝合。

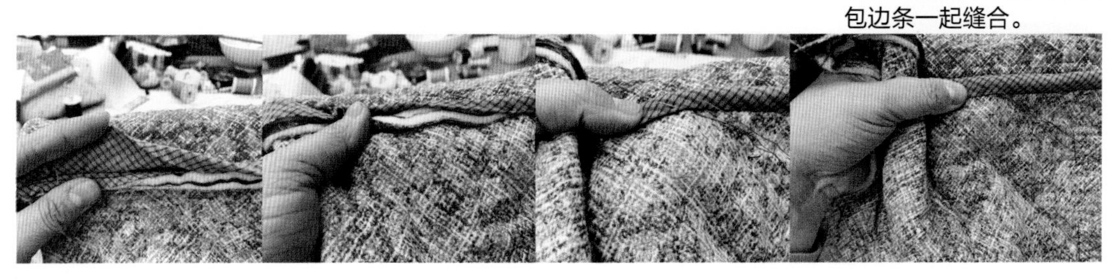

⑳将内侧包边条缝合。

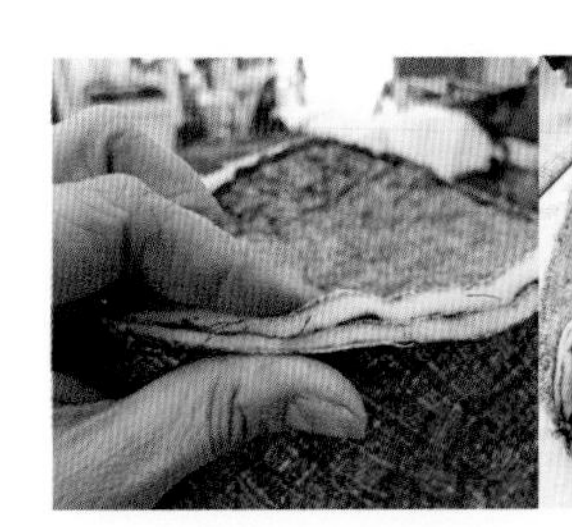

㉑以同样的方法缝合包底。

㉒翻回正面后，在包口处缝合包边条。

㉓准备 3.8 cm 宽的包边条，从上往下 0.8 cm 处用平针缝缝一圈，采用机缝、手缝都可以。

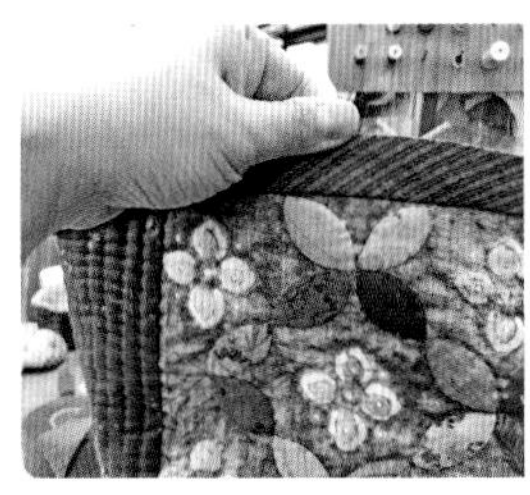

㉔将包边条翻回里面。

㉕内里用卷针缝固定。

㉖完成包口包边。

㉗在拉链上标注出中心点，需和包口的中心点对齐。

㉘在拉链 1/3 处用平针缝缝合固定，线的颜色要和拉链一样。

㉙拉链下面用卷针缝。

㉚安装拉链时一定要从中间往两边缝合。

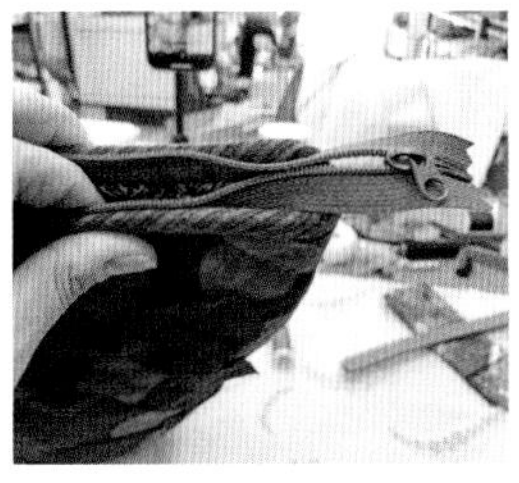

㉛拉链的两端不要缝到头，留出 2 cm，这样拉链头可以放外面，也可以放里面。

㉜放在外面的拉链头可以安装上包扣。

㉝安装皮手提。

㉞将木质标牌缝在包上。

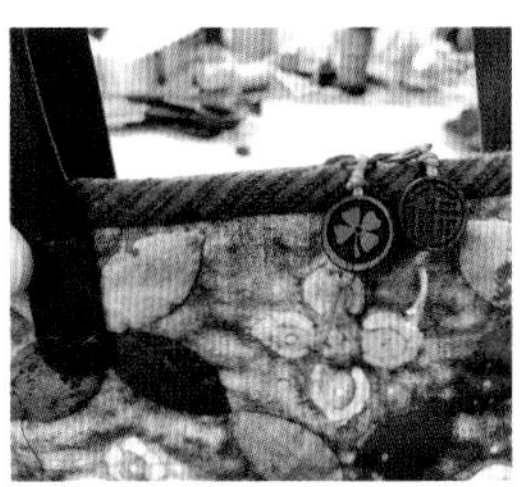

㉟把木拉链头系在拉链上就完成了。

08 柿子染贝壳包

材料

表布拼接用面料：2 种柿子染布
里布尺寸：35 cm × 45 cm
铺棉尺寸：35 cm × 45 cm
包边条尺寸：150 cm
拉链尺寸：35 cm

A 叠合压线

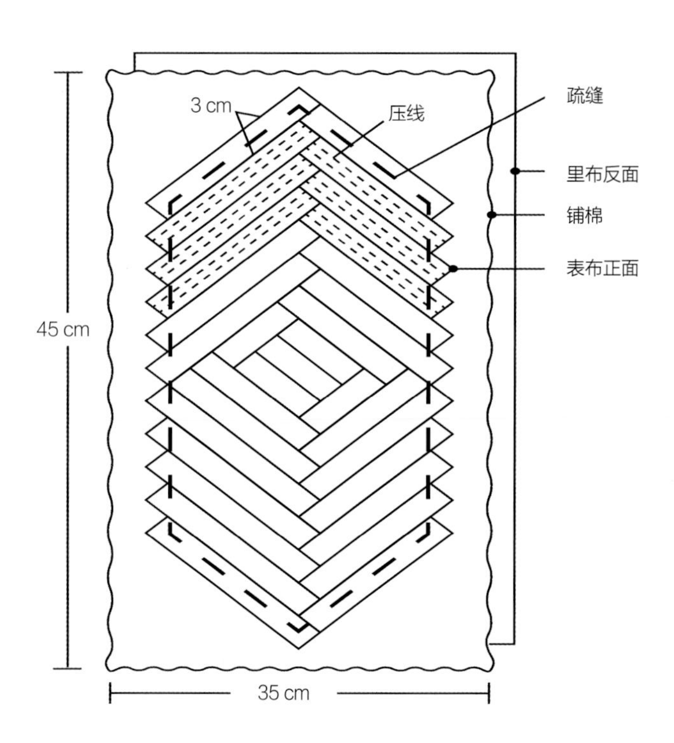

布条宽 4 cm（含 0.5 cm 缝份），将里布、铺棉和表布叠合后用平针缝疏缝，再对布料进行压线。

B 压线裁剪

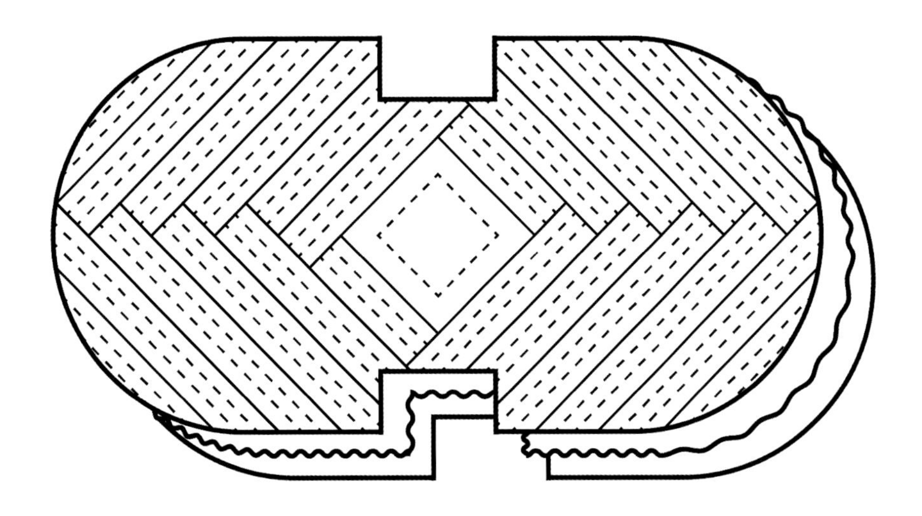

压线完成后，按照图纸剪出来。

C 包边

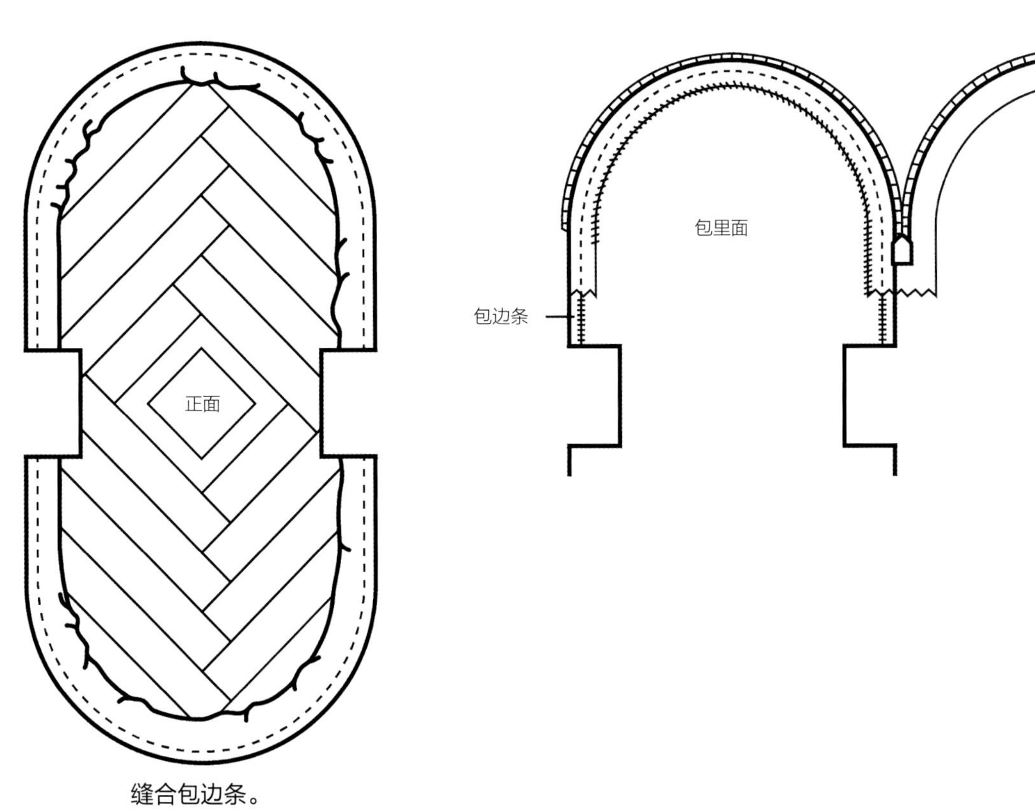

缝合包边条。

安装拉链

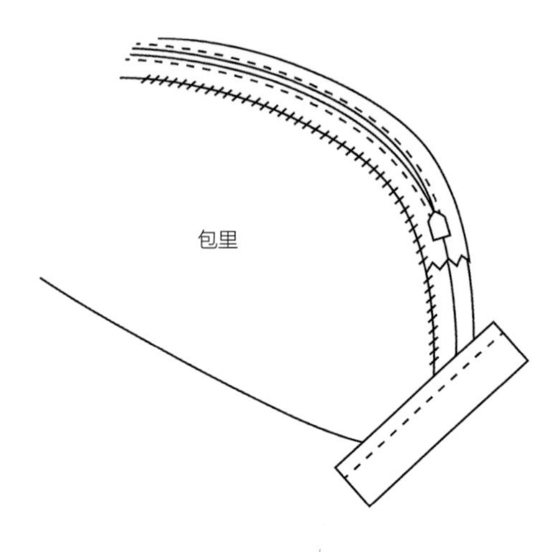

成品效果图

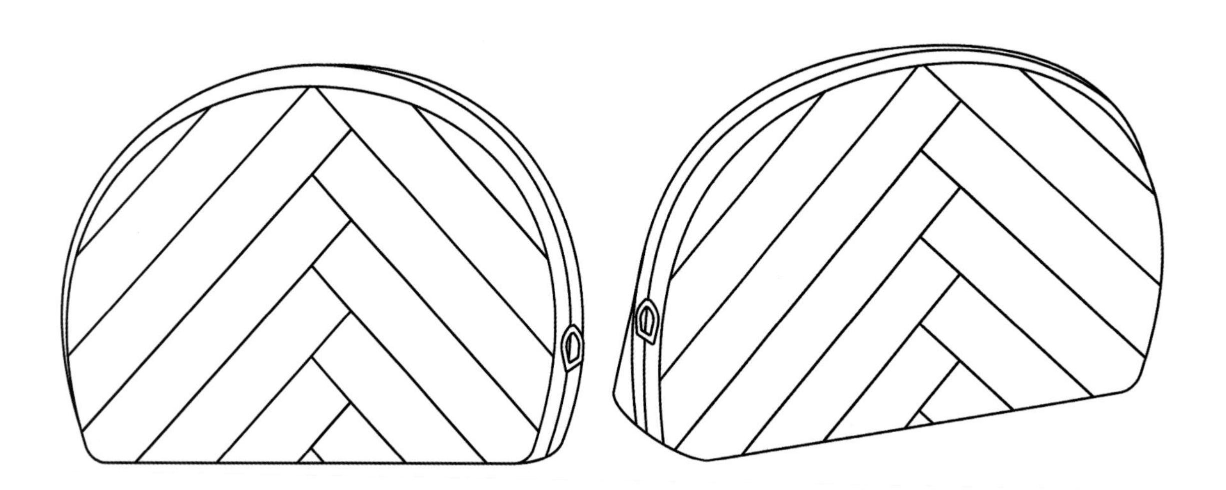

09 小方块贝壳包

材料

表布拼接用面料：1 种柿子染布
贴布用面料：10 种
里布尺寸：30 cm × 45 cm
铺棉尺寸：30 cm × 45 cm
包边条尺寸：150 cm
拉链尺寸：35 cm
此包与柿子染贝壳包做法相似，这两款贝壳包可以用相同图纸和教程。

准备布料

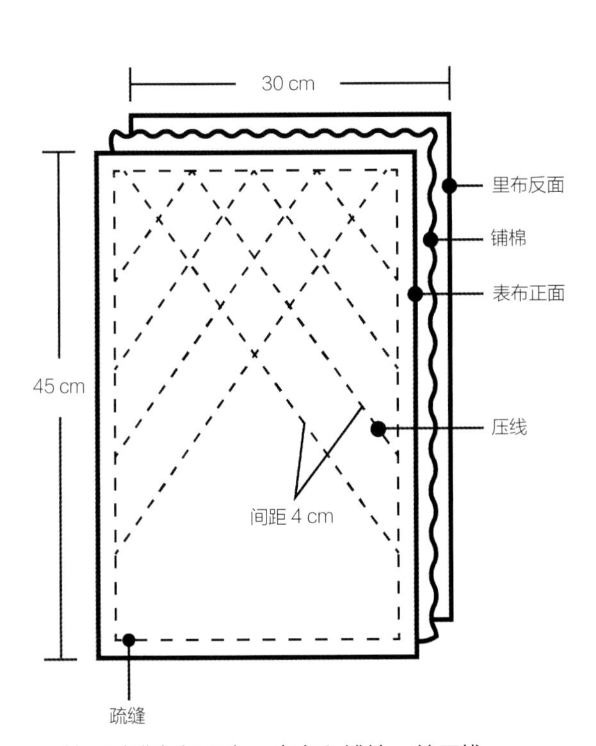

按尺寸准备好里布、表布和铺棉，并压线。

裁剪

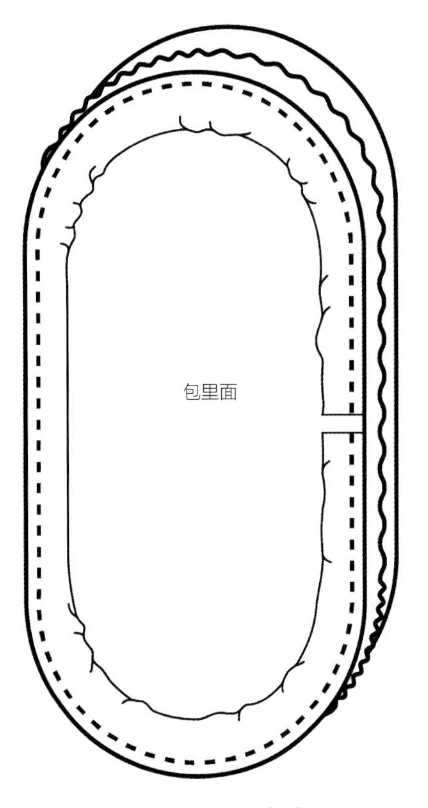

按照尺寸剪出来后进行包边。

C 安装拉链

D 内部包边

E 制作正方形布料

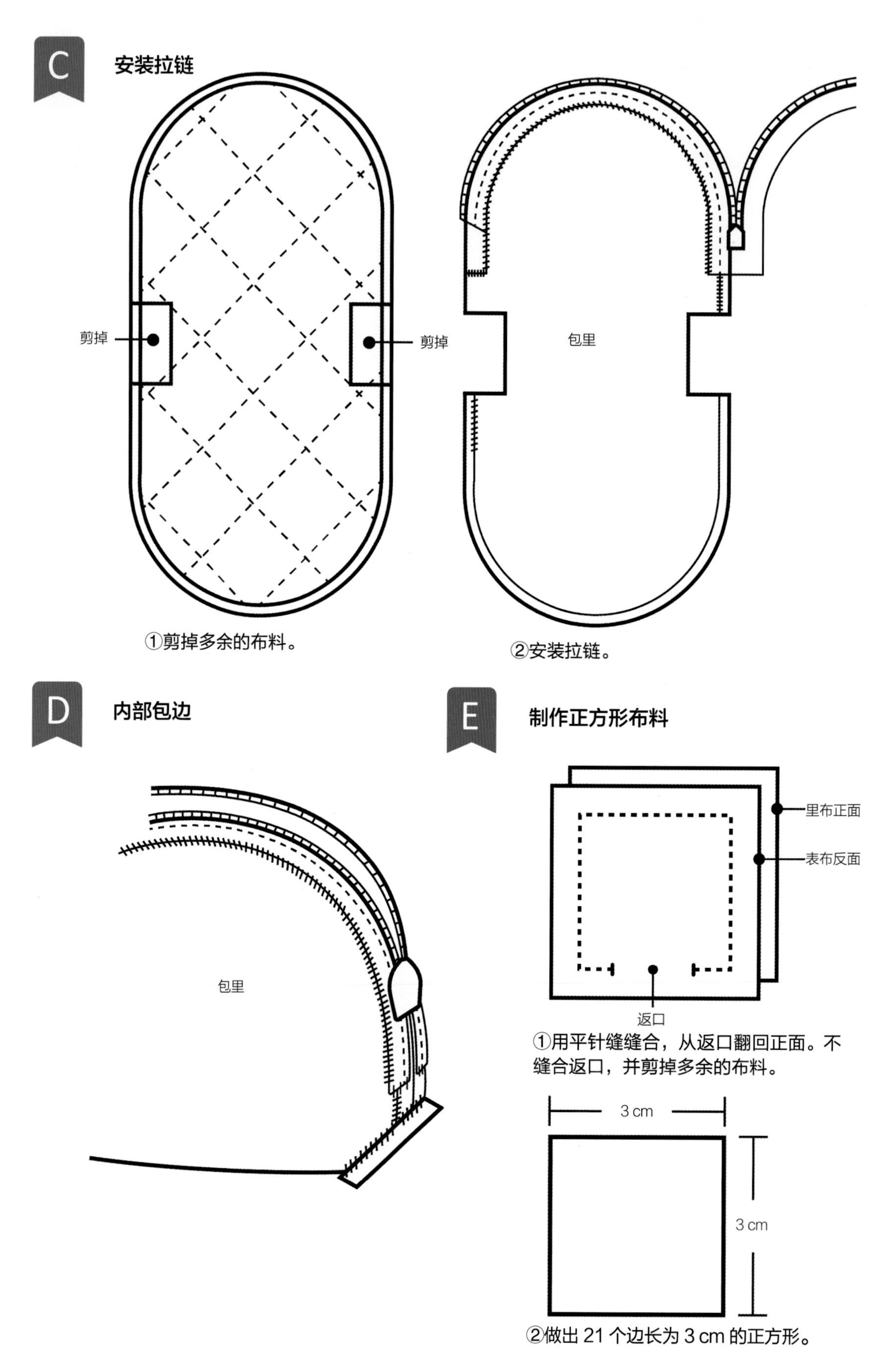

①剪掉多余的布料。

②安装拉链。

①用平针缝缝合，从返口翻回正面。不缝合返口，并剪掉多余的布料。

②做出 21 个边长为 3 cm 的正方形。

F

固定正方形布料

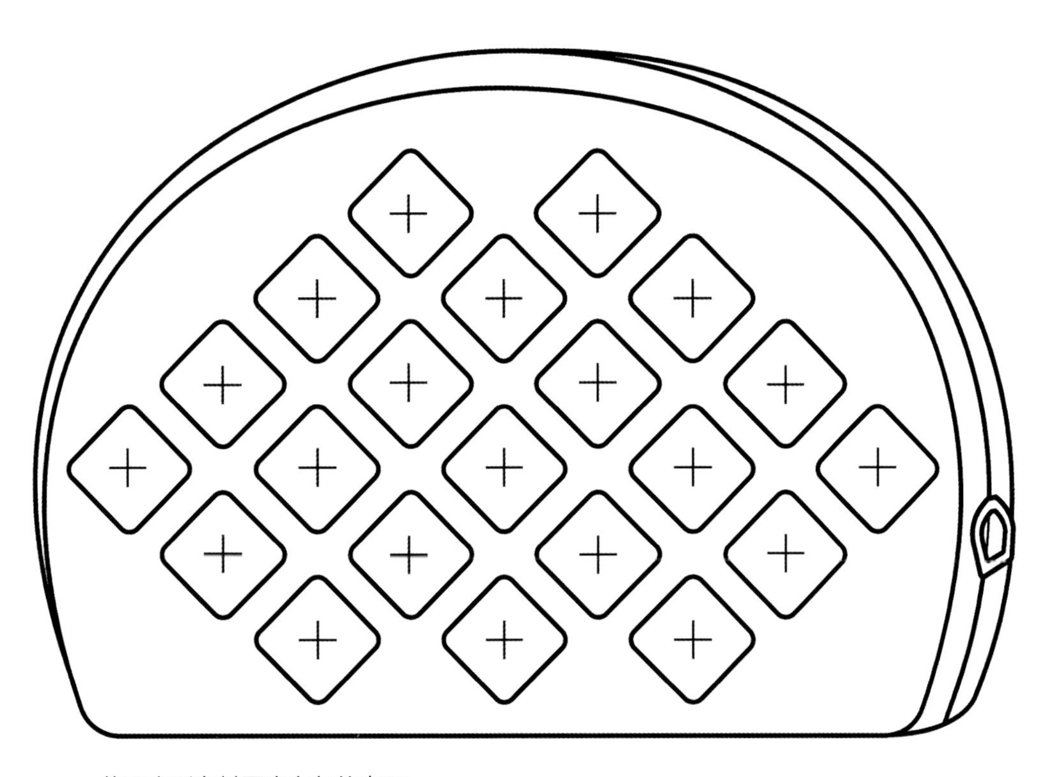

将正方形布料固定在包的表面。

10 望

材料

表布拼接用面料：20 种

贴布用面料：10 种

里布尺寸：150 cm × 60 cm

铺棉尺寸：150 cm × 60 cm

A 拼接表布

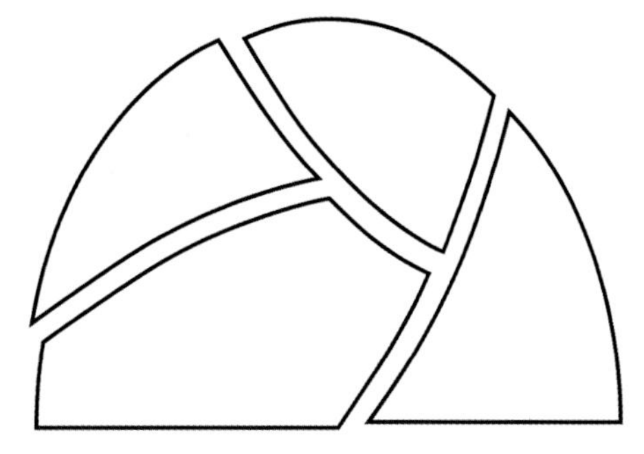

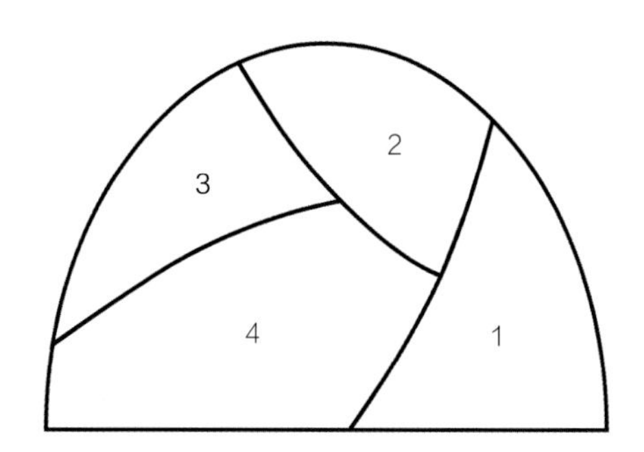

①如图剪出 4 块布料，并按照图示拼接表布正面。

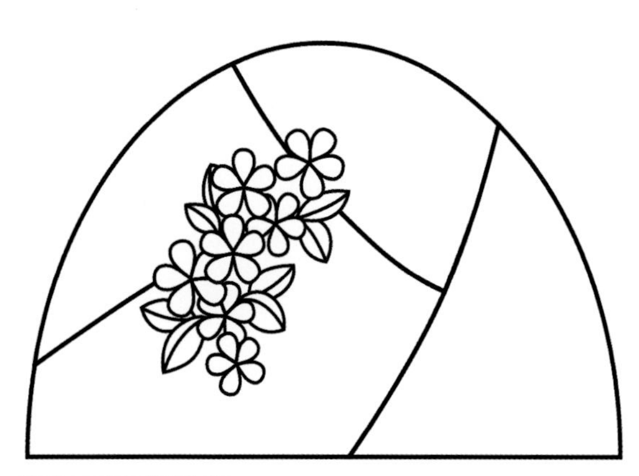

②在表布正面贴布。

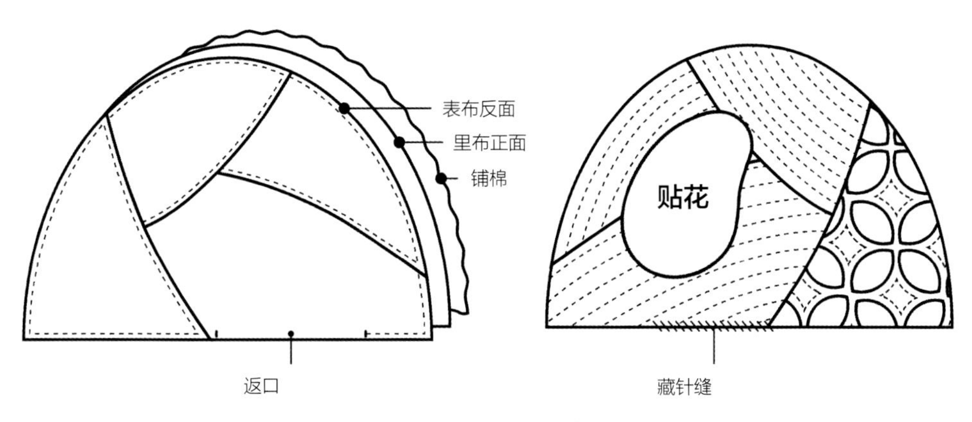

③将表布反面、里布正面和铺棉叠合，疏缝固定。

④从返口翻回正面，用藏针缝缝合返口，沿虚线用平针缝压线。

拼接侧边

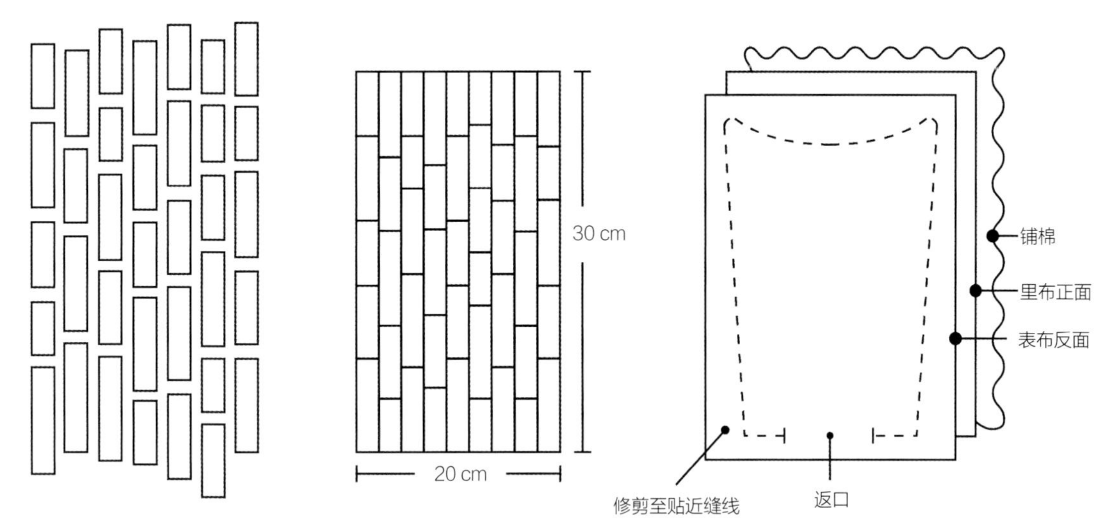

①如图所示剪出 35 个宽 4 cm（含缝份），长 6~9 cm 的布条，拼接成 2 个侧边，将表布反面、里布正面和铺棉叠合，疏缝固定。

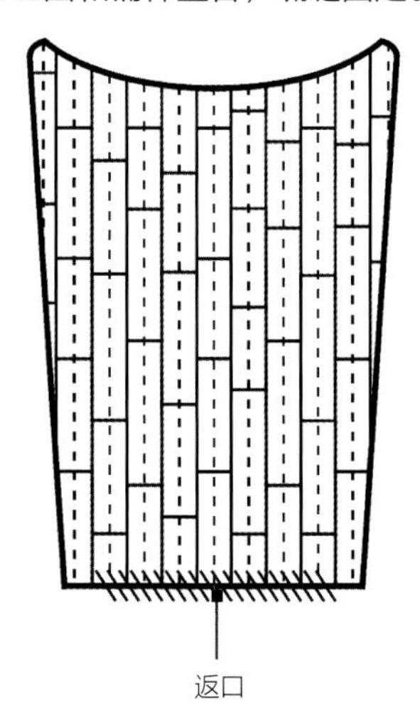

②从返口翻回正面，缝合返口，进行压线。

C 制作包底

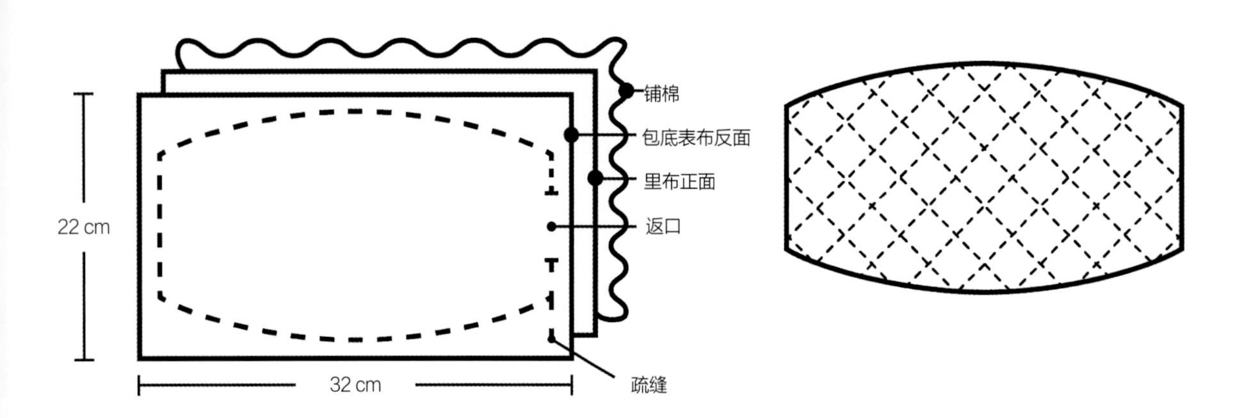

①沿虚线用平针缝缝合，返口不缝合，之后剪掉多余的布料。

②从返口翻回正面，缝合返口，进行压线。

D 制作包带

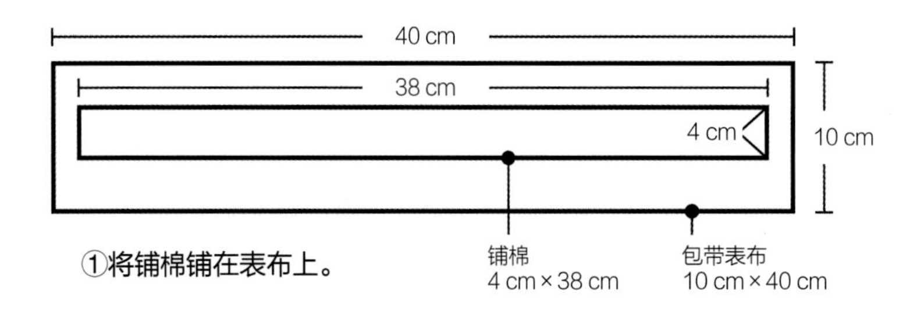

①将铺棉铺在表布上。

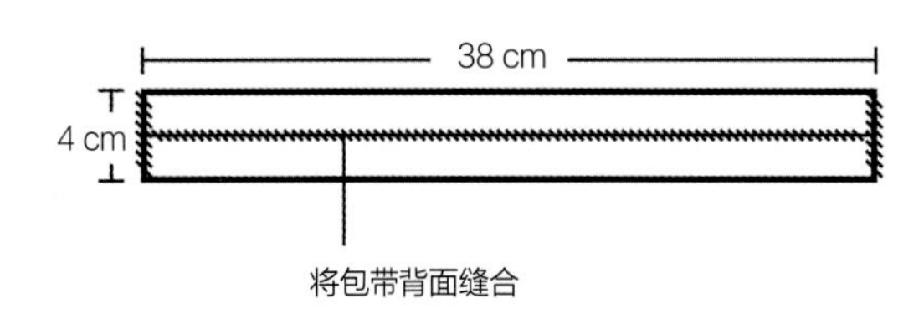

②用表布把铺棉包在里面缝合。

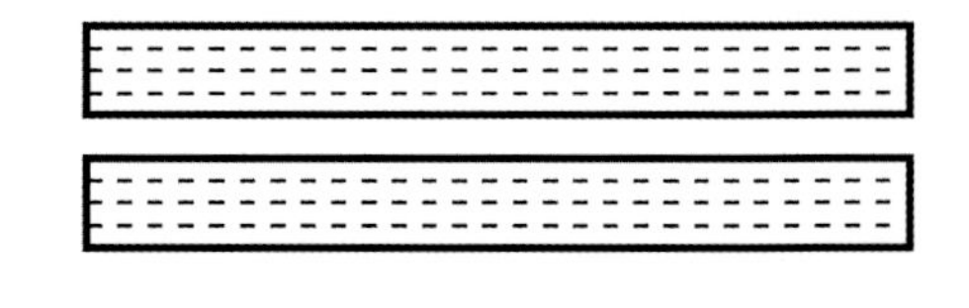

③进行压线，制作 2 条包带。

E 整体缝合

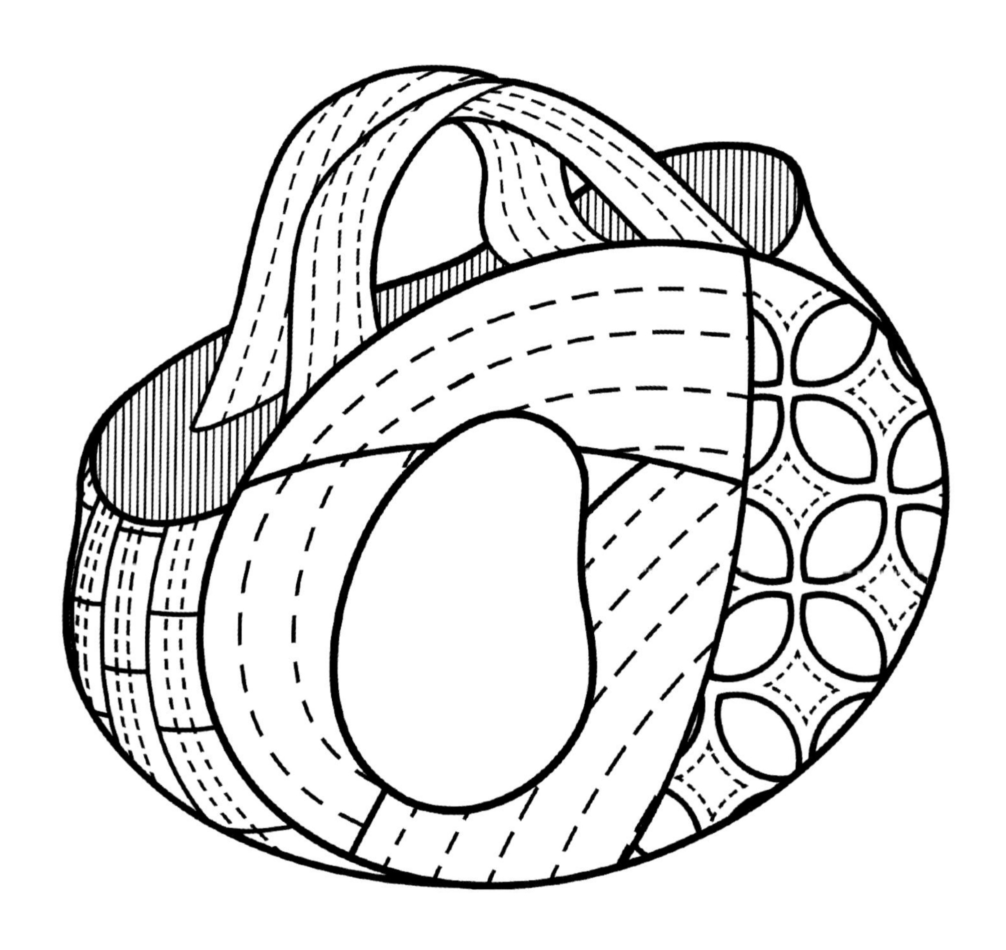

用藏针缝将前片、后片、2 个侧边、包底以及包带缝合在一起。

11 丛林

材料

表布拼接用面料：6 种

贴布用面料：12 种

里布尺寸：90 cm × 50 cm

铺棉尺寸：90 cm × 50 cm

嵌条尺寸：180 cm

包边条尺寸：400 cm

拉链尺寸：35 cm

肩带尺寸：100 cm

①先在表布上画好实际尺寸比，多出来的布料先不要剪。

②在表布上描绘好贴布图案后，进行贴布。

③花篮的手提部分用一股手染线，卷针缝。

④花篮下面的风琴褶皱部分见第 81 页二维码。

⑤需要 5 个风琴褶，风琴褶的上下两头窄、中间鼓。

⑥贴布时要用和布料一样颜色的线。

⑦将表布、铺棉和里布叠合，进行压线。

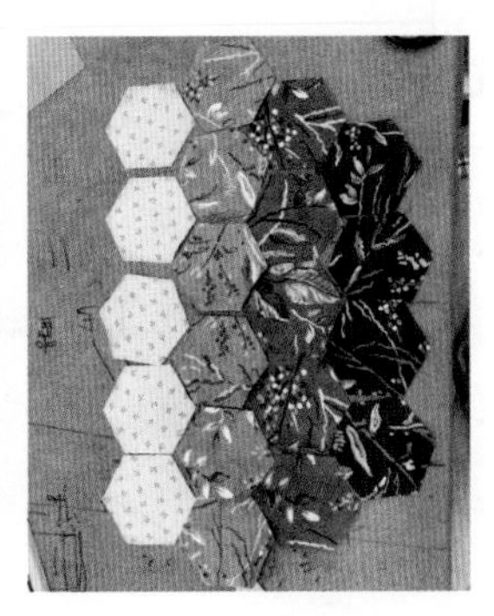

⑧准备边长为 2.6 cm 的祖母片，用印章或用纸片都可以。

⑨祖母片的 4 种颜色从上到下，按颜色由浅到深排列。

⑩祖母片拼接好后、熨烫之前的样子。

⑪完成熨烫。

⑫祖母片部分和上半部分用贴布的方式缝合。

⑬完成后片表布。

⑭从上到下将表布、铺棉、里布铺平，由中心往四周疏缝固定。

⑮用热消笔画好压线纹路。

⑯压完线的后片。

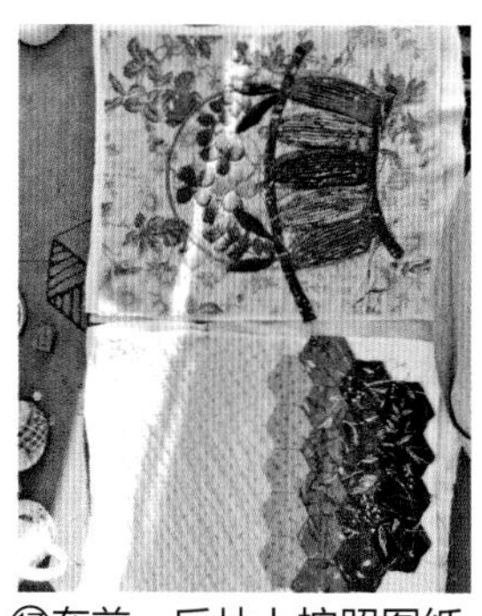

⑰在前、后片上按照图纸用热消笔画好尺寸并留出 1 cm 缝份，之后剪出前、后片的形状。

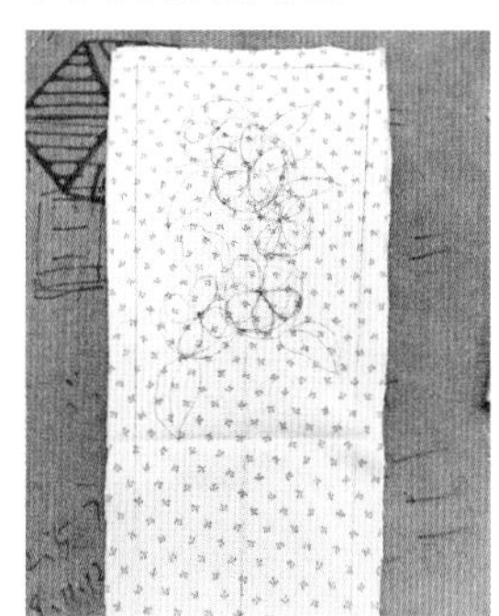

⑱在表布上描绘好贴布图案后，进行贴布。

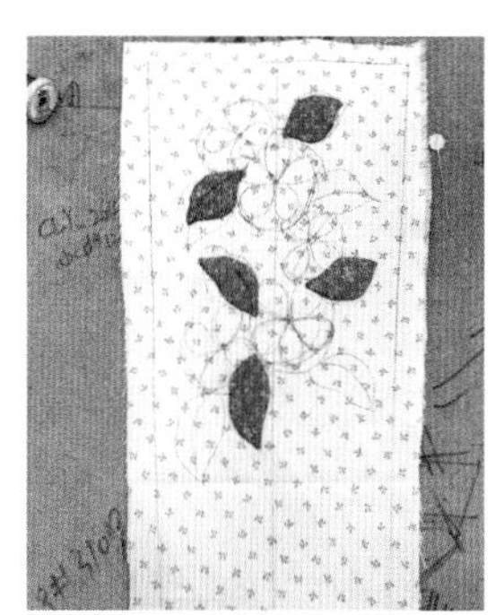

⑲先贴叶子。

⑳之后贴两个颜色的花朵。

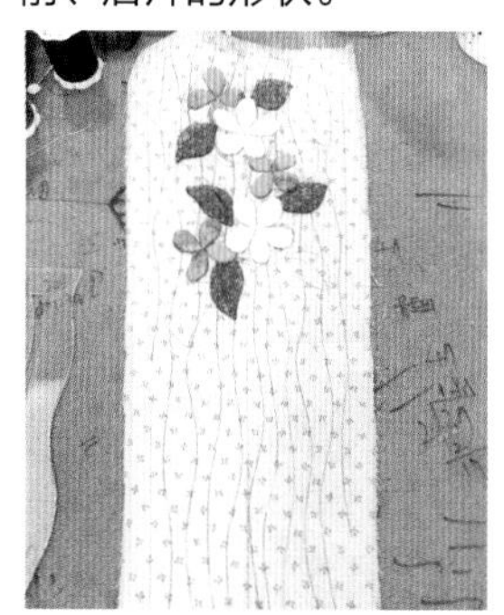

㉑用热消笔画出压线纹路后将表布、铺棉、里布一起疏缝再压线。

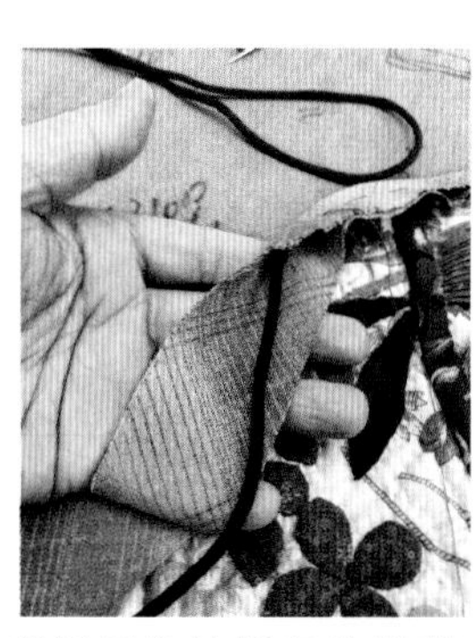

㉒把黑色的嵌条放进黄色的包边条里。

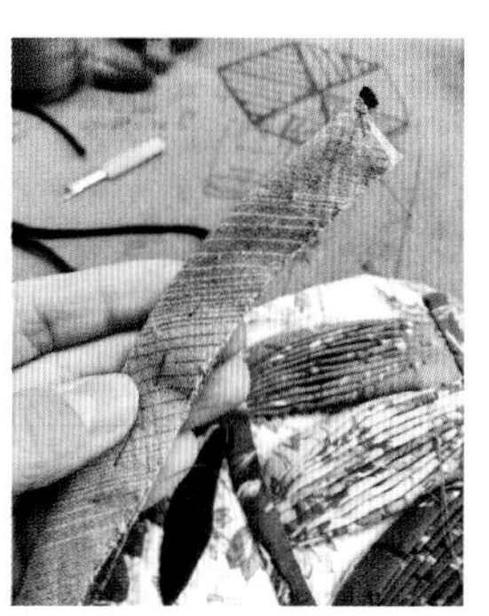

㉓对折后再在中间进行疏缝。

㉔之后疏缝固定在后片上。

㉕前、后片上预留的缝份是1 cm、嵌条是1.4 cm。

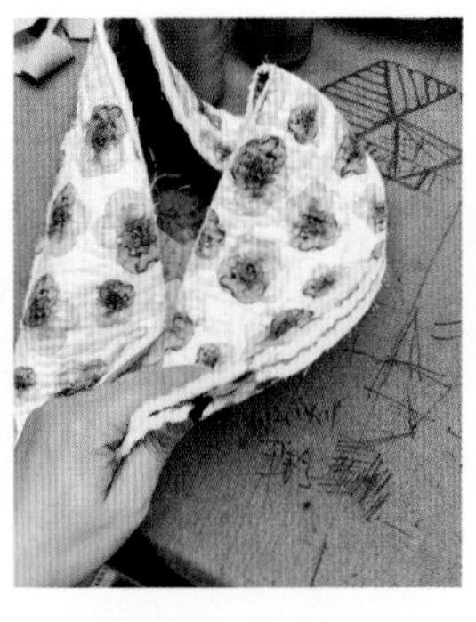

㉖把包侧边疏缝固定在有嵌条的后片上，从下端中间往两边缝。

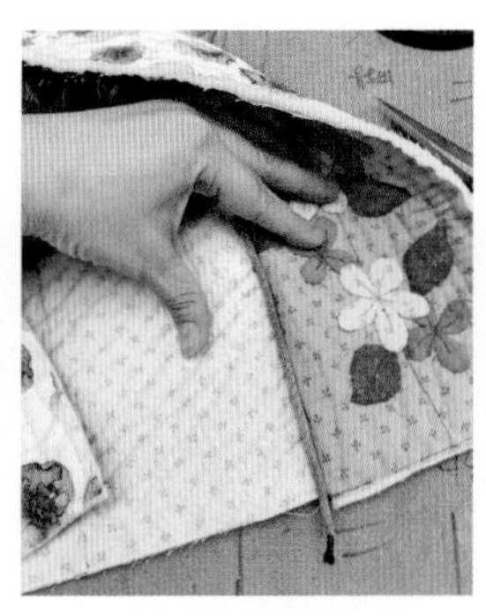

㉗简单疏缝固定的样子。

㉘再用缝纫机缝合返口正面。

㉙将多出来的嵌条剪掉，修剪整齐包口边缘。

㉚包内部也需要用包边条包好。

㉛在包边条距包口 0.7 cm 处缝一条线。

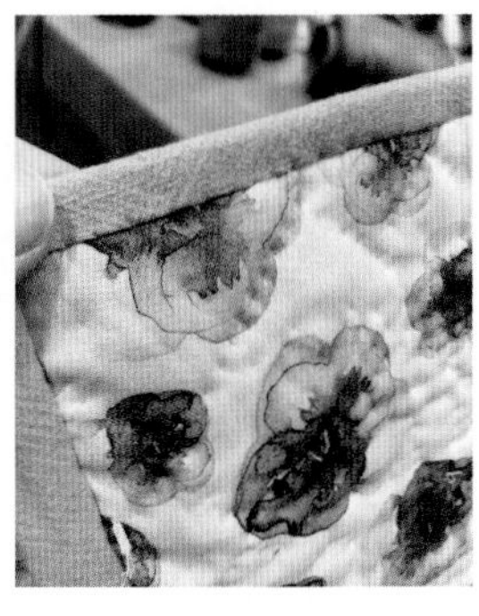

㉜将包边条翻回包里，折边后贴布缝合。

㉝包口缝合完包边条的样子。

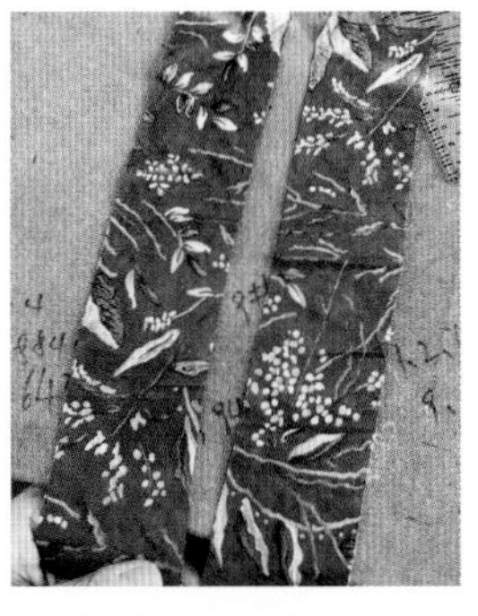

㉞准备 2 条手提带布料，宽为 6 cm，长为 30 cm。

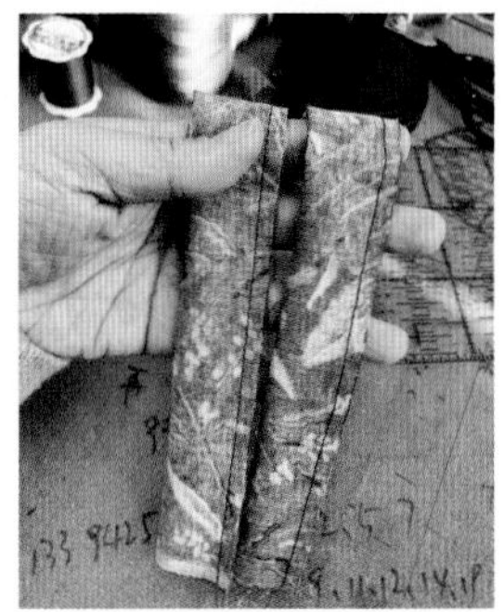

㉟反面对折后，距边缘 0.7 cm 处缝合。

㊱准备 2 条 2.2 cm 宽的铺棉。

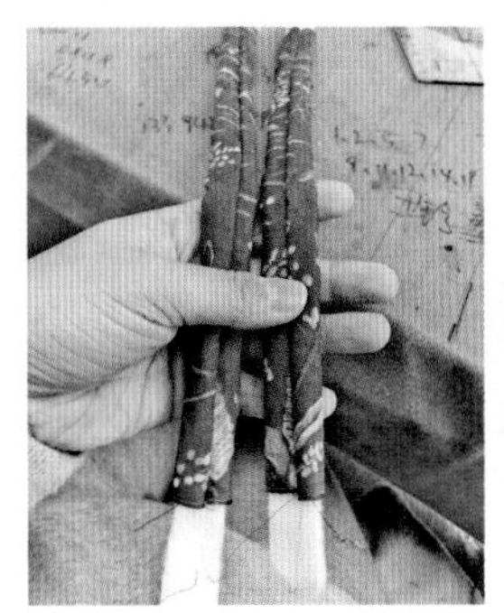

㊲将铺棉放进印花布里。

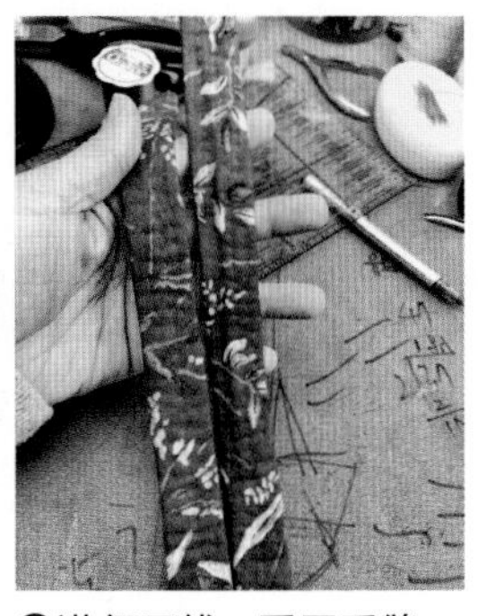

㊳进行压线，采用手缝、机缝都可以。

㊴在包口包边条一半处，反着固定。

㊵返回包边条正面再固定手提带。

㊶手提之间的距离是一个手掌宽的长度。

㊷在拉链处固定两个木珠子。

扫码观看教程

※ 细节展示图

12 立体花手拎包

制作提要

包体由 4 片组成，每一片都采用翻缝的方式单独完成，再用藏针缝缝合。

材料

表布拼接用面料：1 种

贴布用面料：3 种

里布尺寸：50 cm × 50 cm

铺棉尺寸：50 cm × 50 cm

磁贴扣 1 对、刺子绣线适量

A 圆形花朵（立体）

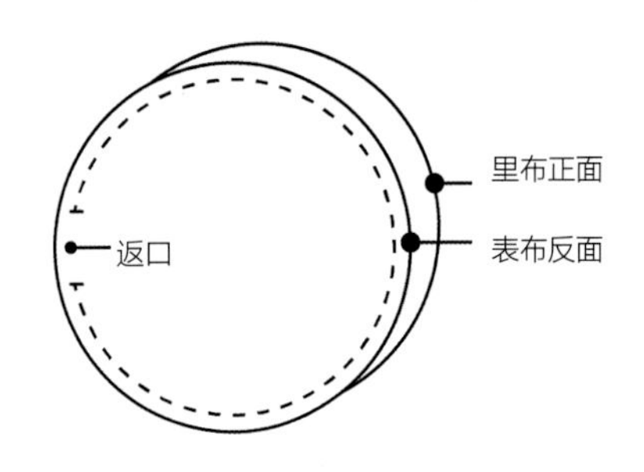

①里布、表布如图叠合，正面对正面缝合，返口不缝合。

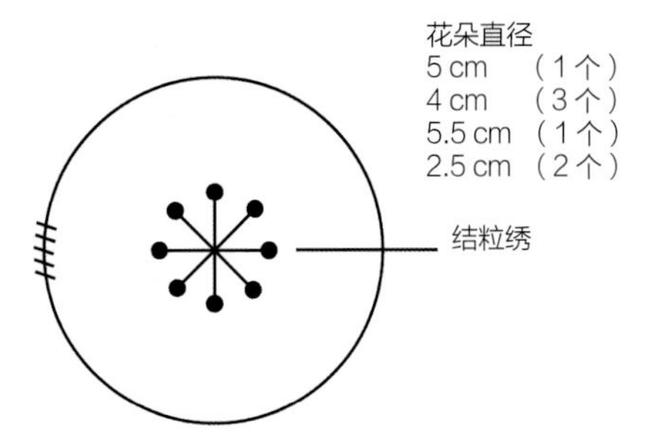

②翻回正面，缝合返口，绣上花蕊。

B 手提上的叶子（立体）

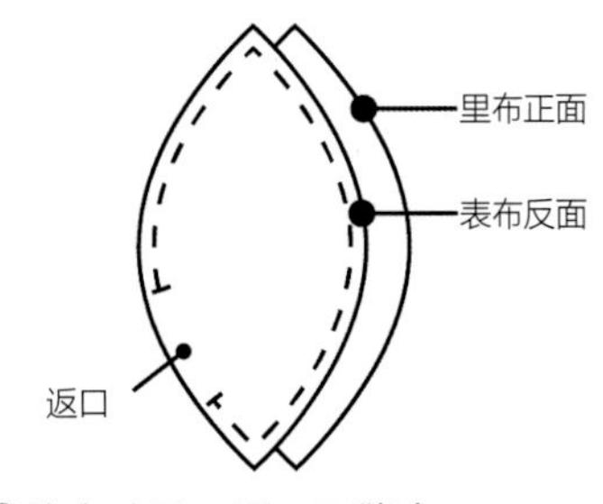

①缝合叶子，返口不缝合。

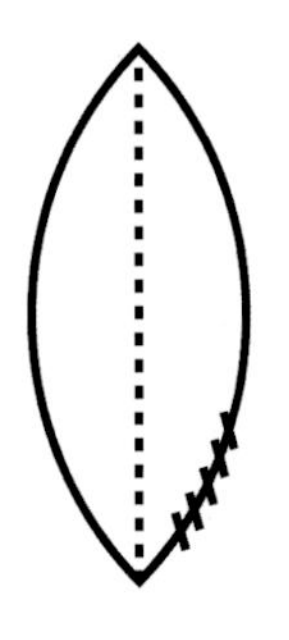

②从返口翻回正面后，缝合返口，共需做 9 片叶子。

C 贴布

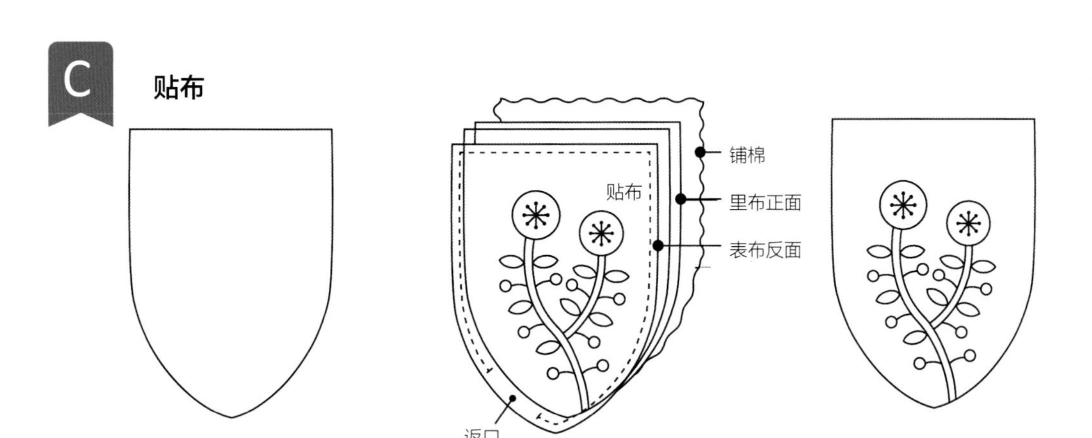

①将铺棉、里布正面和表布反面叠合后缝合，返口不缝合，并将花瓣、叶子贴到前片表布上。

②从返口翻回正面，并将返口缝合，进行压线。

③左、右、后片用同样的方法完成。

D 手提

E 安装立体花和叶子

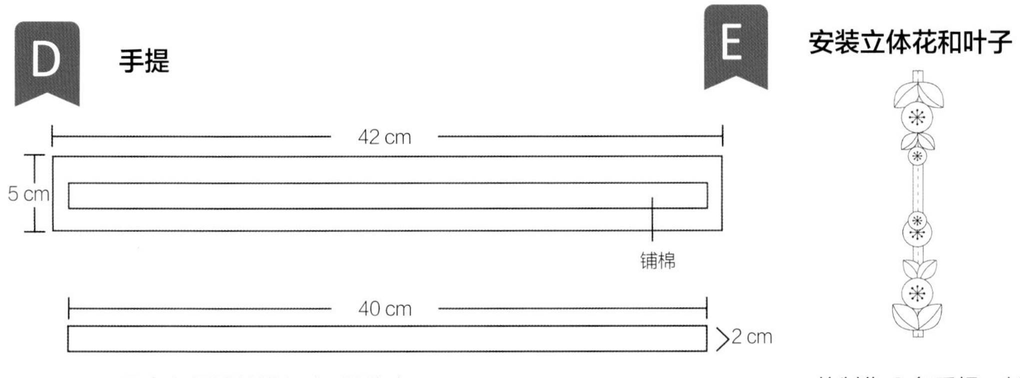

用表布把铺棉卷起来，并缝合。

共制作 2 条手提，其中 1 条手提上有立体装饰。

F 缝合包体

G 安装手提

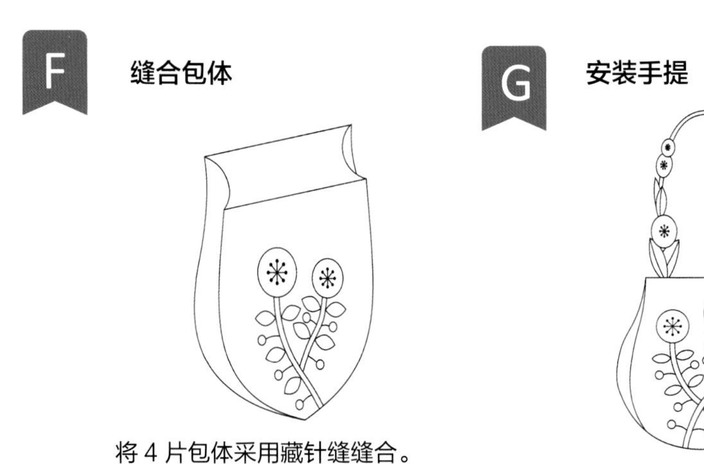

将 4 片包体采用藏针缝缝合。

13 玫瑰园

材料

表布拼接用面料：5 种
贴布用面料：10 种
里布尺寸：100 cm × 40 cm
铺棉尺寸：100 cm × 40 cm
皮手提尺寸：36 cm

A 制作八边形（需 12 个）

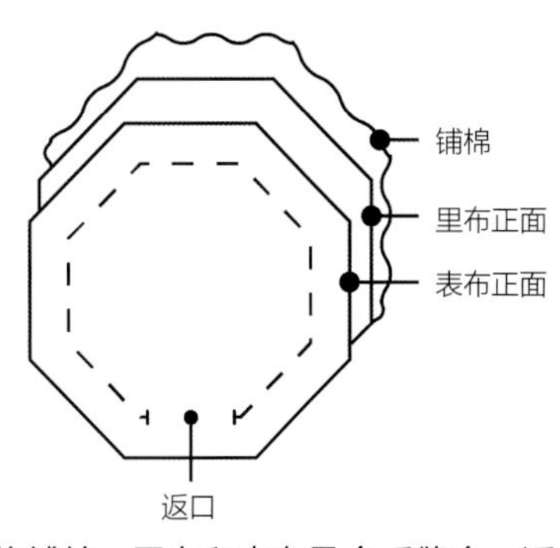

①将铺棉、里布和表布叠合后缝合，返口不缝合。

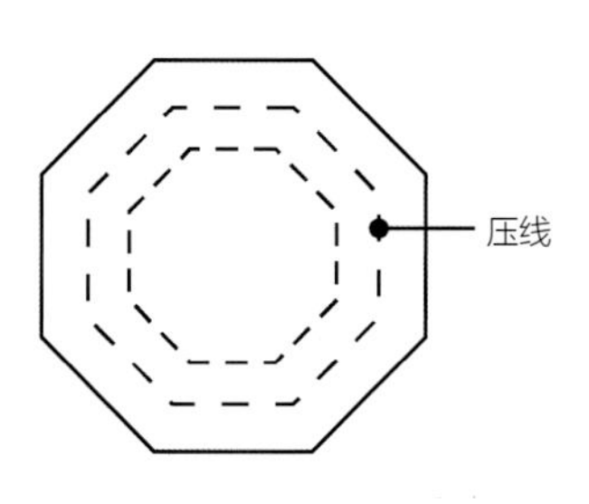

②从返口翻回正面，缝合返口并进行压线。

③用藏针缝将 12 个八边形拼接起来。

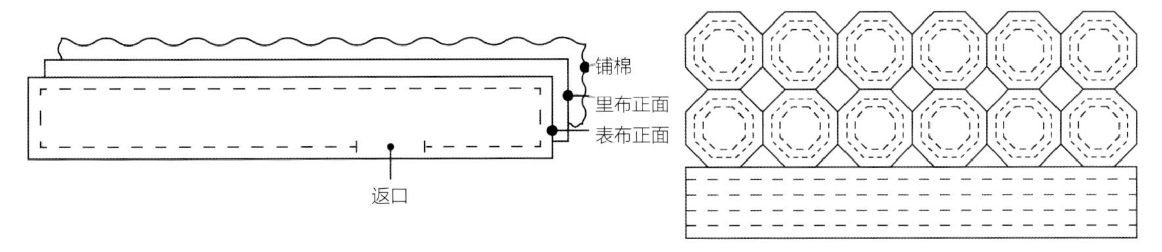

④将铺棉、里布和表布叠合后缝合，返口不缝合。

⑤从返口翻回正面，用藏针缝将其与 12 个八边形连起来。

B 缝合、压线

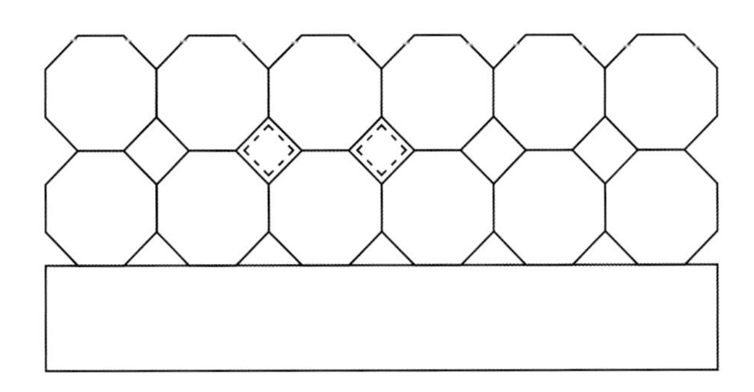

小正方形的制作方法和八边形相同，之后用藏针缝缝合八边形和小正方形。

C 包底

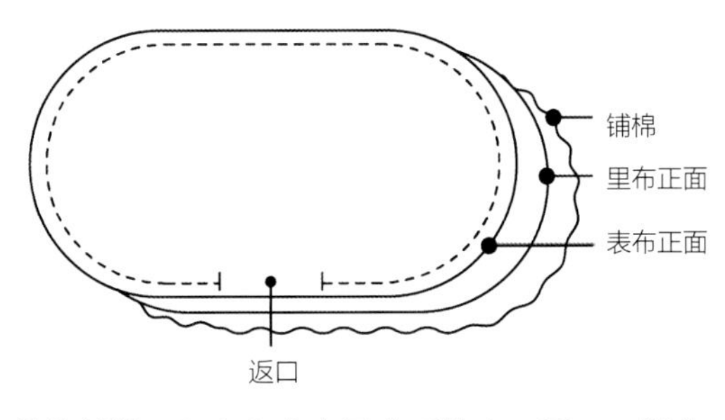

①将铺棉、里布和表布叠合后缝合，返口不缝合。

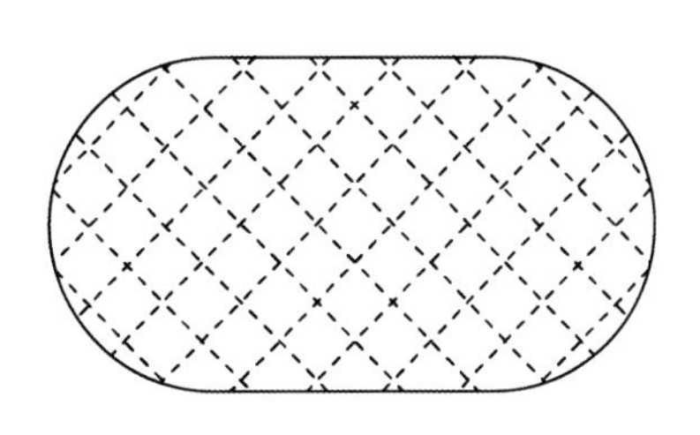

②进行压线，选择间距为 2.5 cm 的菱形压线。

缝合包底和包身

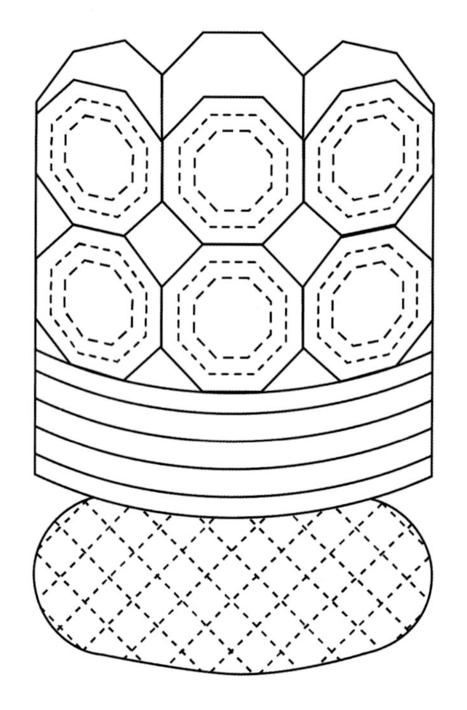

从侧边采用藏针缝缝合。

E 缝制花朵

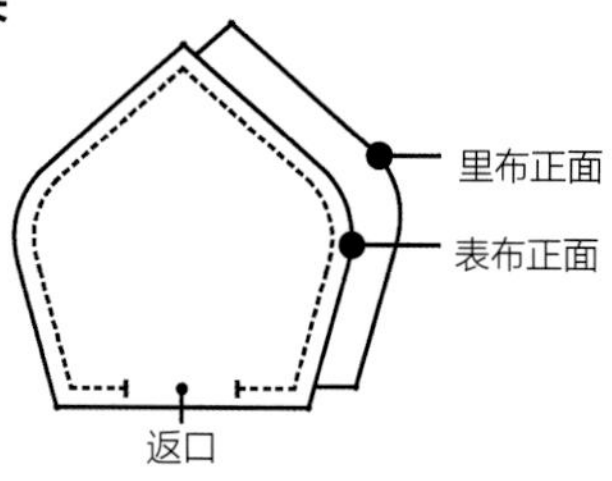

①将里布和表布叠合后缝合，返口不缝合。

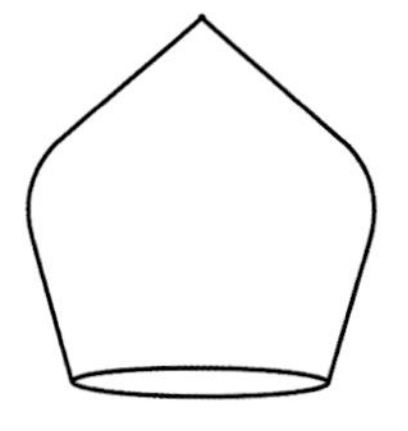

②从返口翻回正面，进行缝合。需制作 3 片小花瓣、4 片大花瓣。

③将花瓣如上图摆好后，卷成花朵形状。

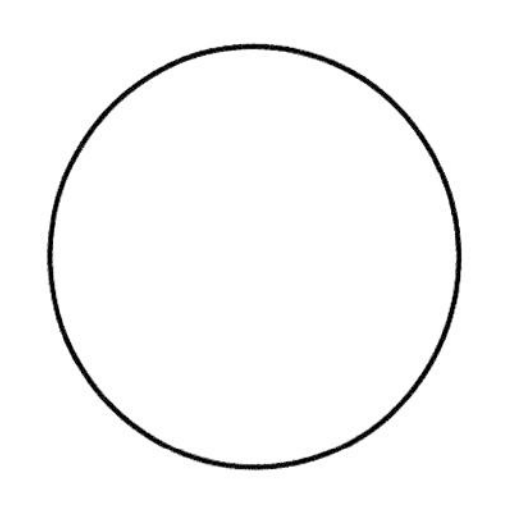

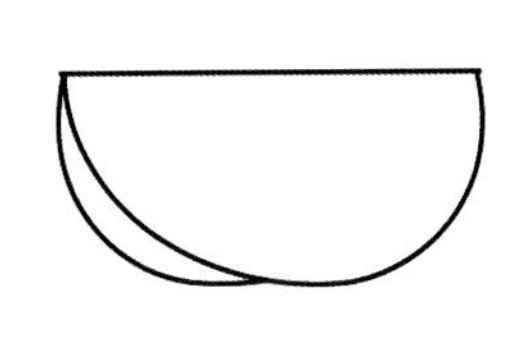

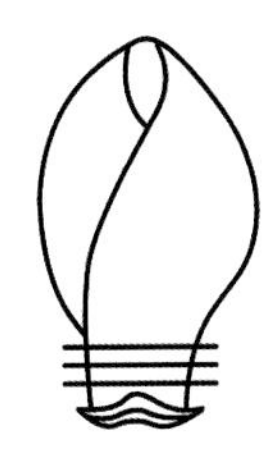

④制作花心。将图形布料对半折叠，再卷成花心形状，下端用疏缝线拉紧。

E 缝制花叶

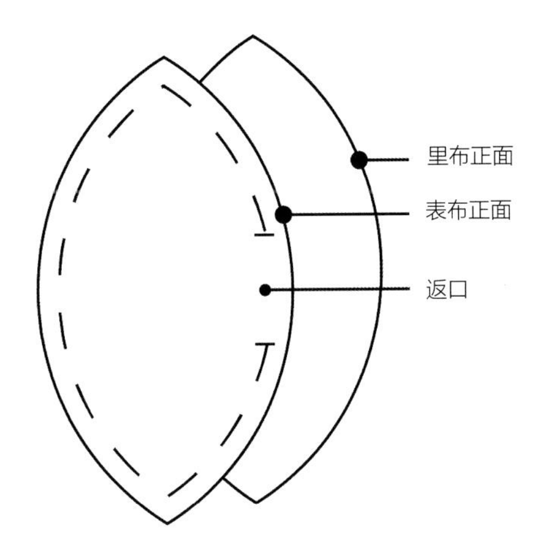

①将里布和表布叠合后缝合，返口不缝合。

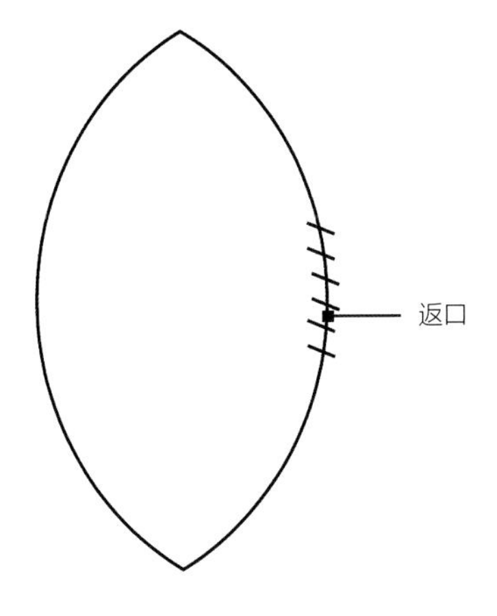

②从返口翻回正面，缝合返口，但不需要压线。

安装手提

将缝制好的玫瑰花和叶缝到包体上，安装手提。

14 山茶花

材料

表布拼接用面料：16 种

贴布用面料：4 种

里布尺寸：90 cm × 30 cm

铺棉尺寸：90 cm × 30 cm

皮手提尺寸：36 cm

包边条尺寸：260 cm

拉链尺寸：35 cm

A 拼接缝合前片

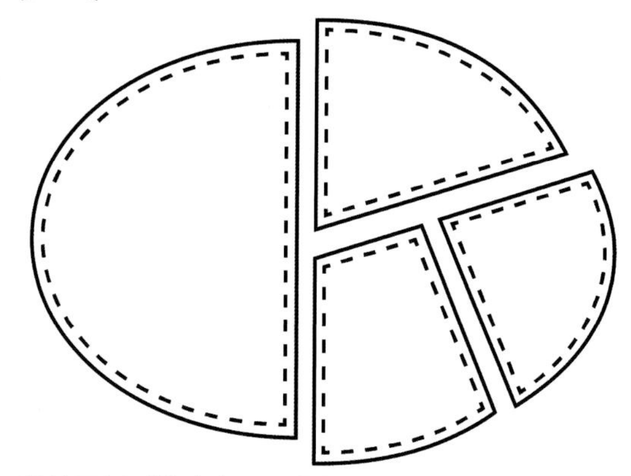

①按照纸型将表布所需的每块布料都裁剪好。

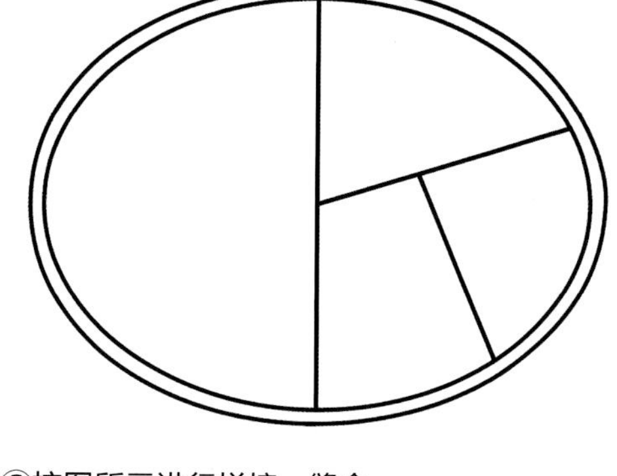

②按图所示进行拼接、缝合。

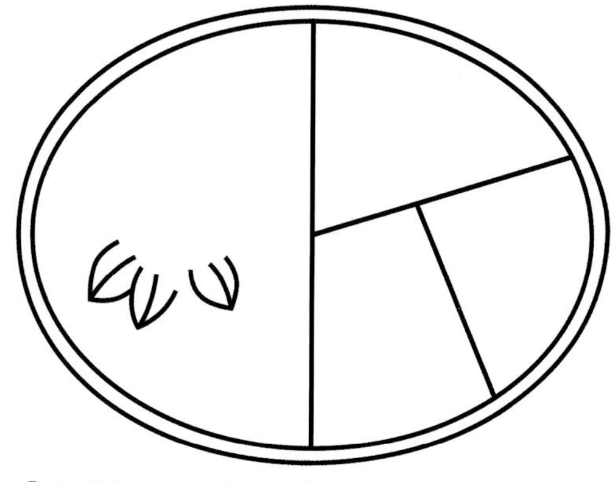

③在拼接好的表布上进行贴布。

④将表布、铺棉、里布叠合，进行缝合并压线。

B 后片

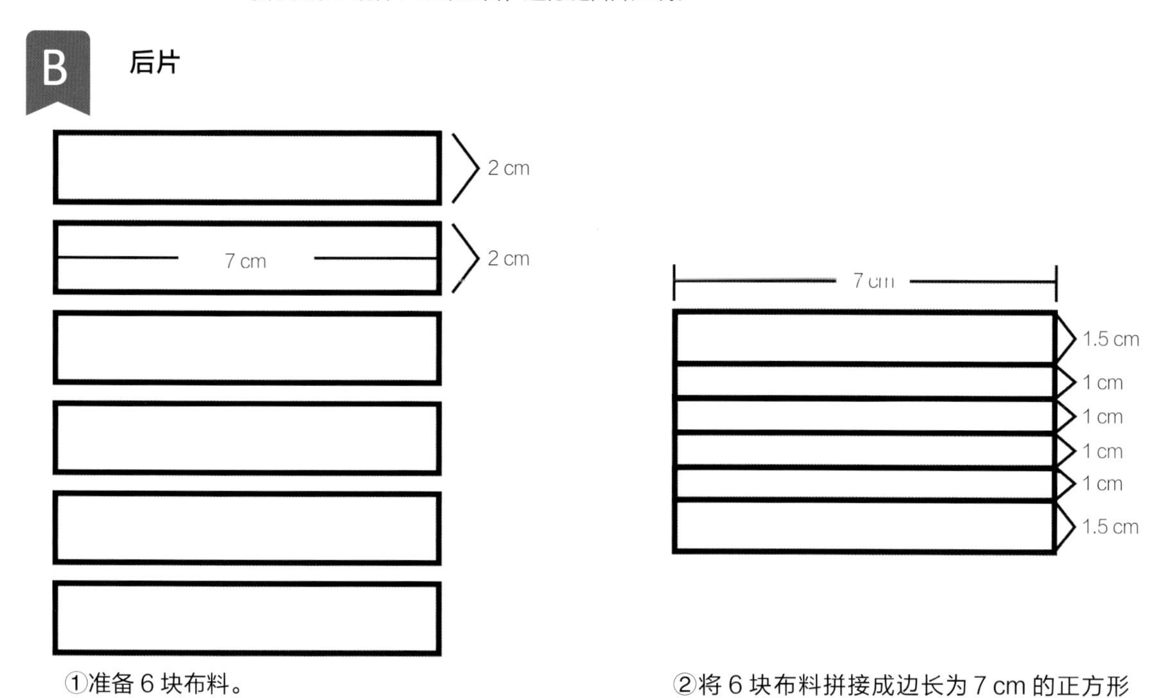

①准备 6 块布料。

②将 6 块布料拼接成边长为 7 cm 的正方形布料。

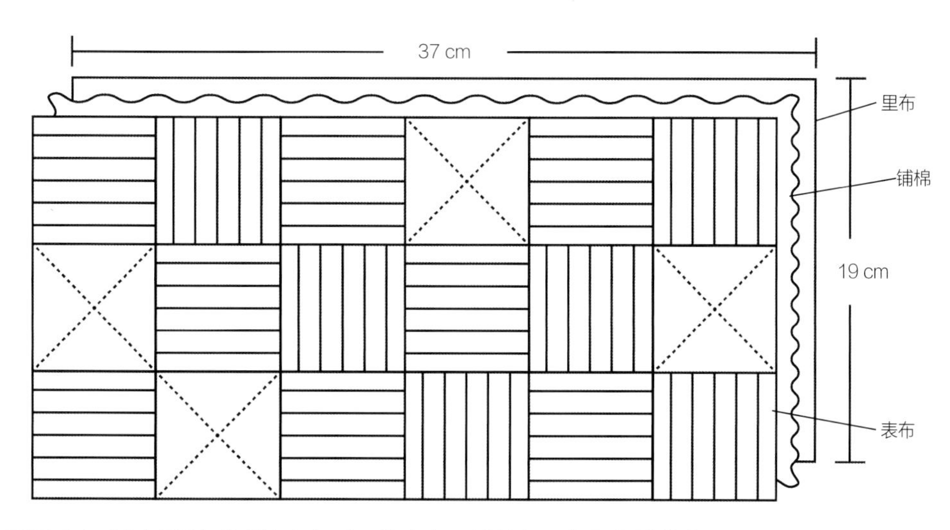

③把正方形布料拼接成后片表布后，将表布、铺棉和里布叠合并缝合。

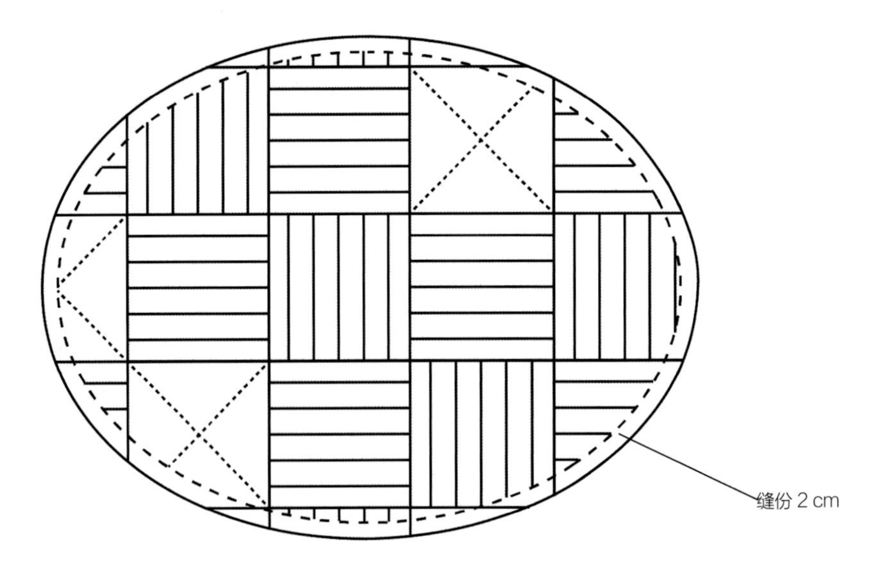

④压好线后，画上后片的尺寸图，剪掉多余布料，和前片表布一致。

C 底侧片

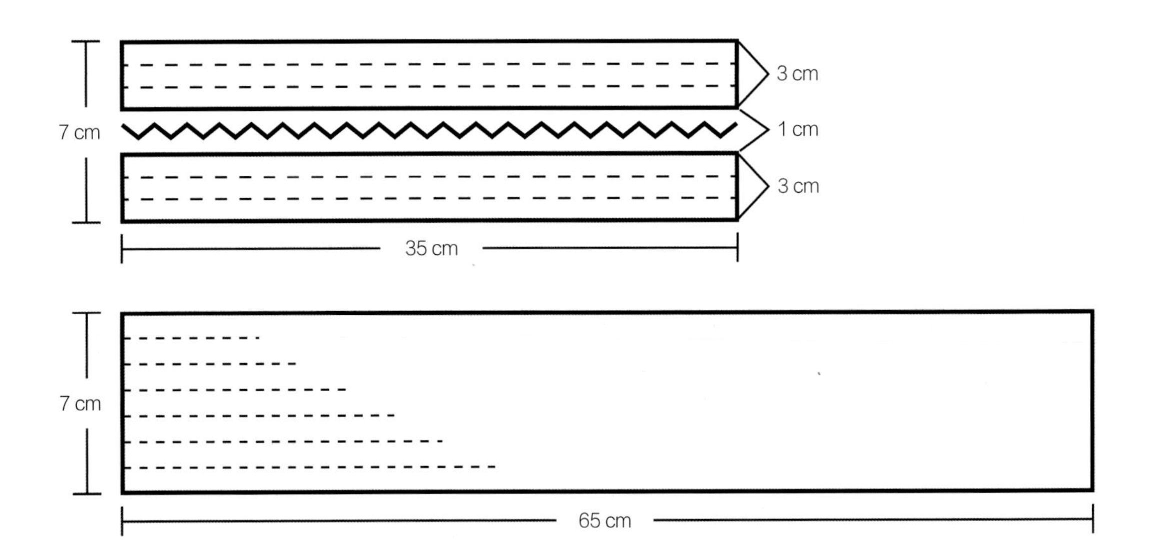

如图所示，用平针缝拼接后，再进行压线。

整体缝合

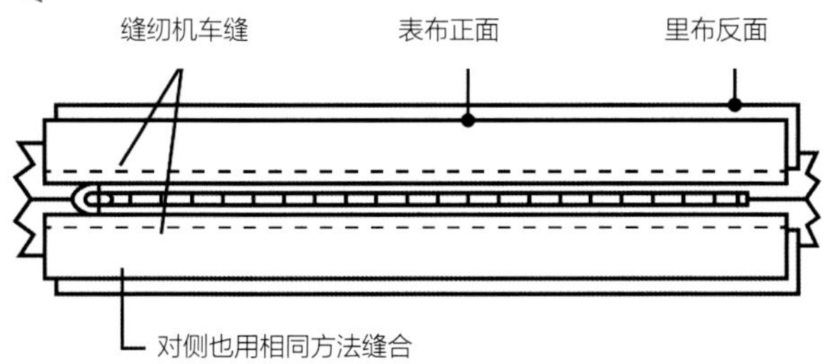

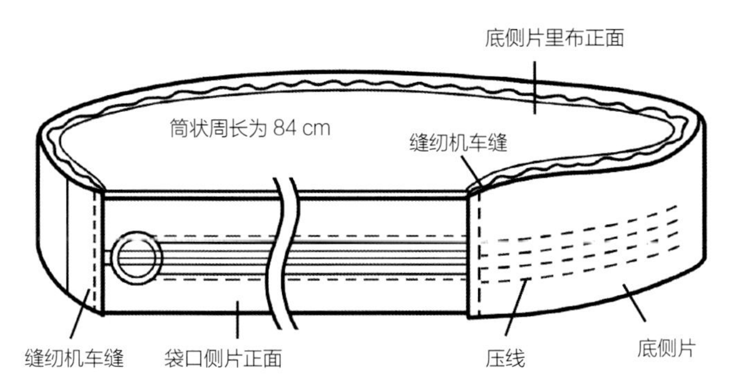

①将前片、后片和底侧片缝合。

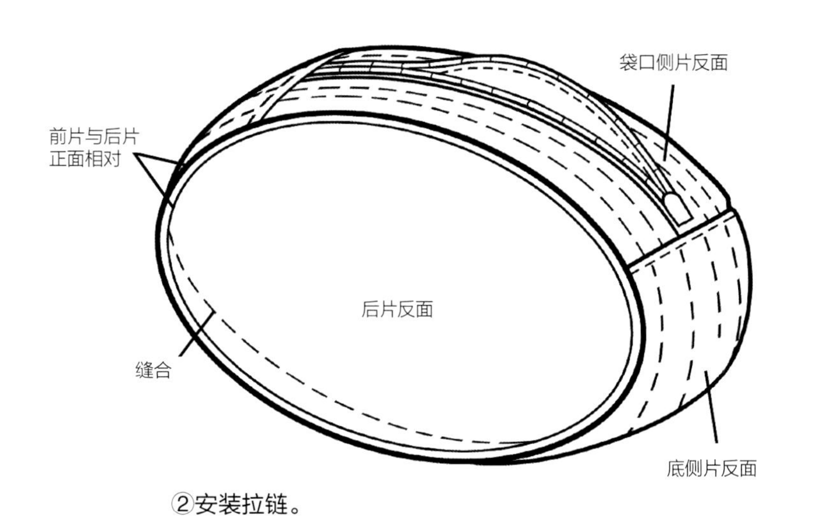

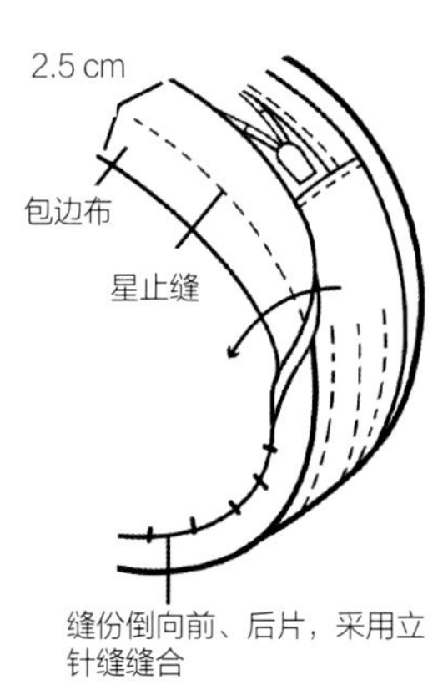

②安装拉链。

15 小福眼

材料

表布拼接用面料：12 种
贴布用面料：8 种
里布尺寸：80 cm × 30 cm
铺棉尺寸：80 cm × 30 cm
皮手提尺寸：36 cm
包边条尺寸：130 cm

前片

①按图示准备布料。

②按图示拼接、缝合。

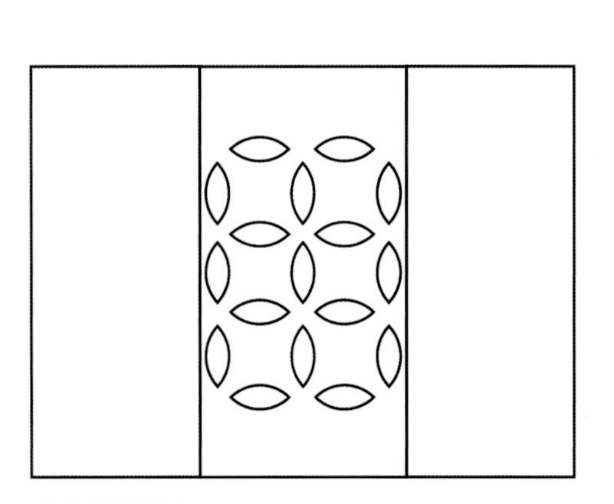

③按图示贴布。

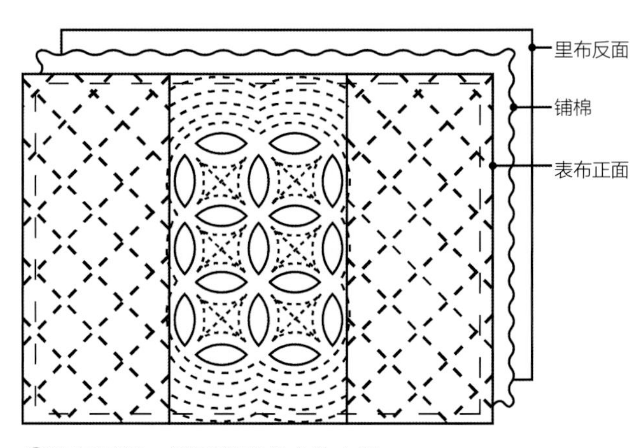

④进行压线，然后剪掉多余的布料。

B 后片

①准备 80 块布料。

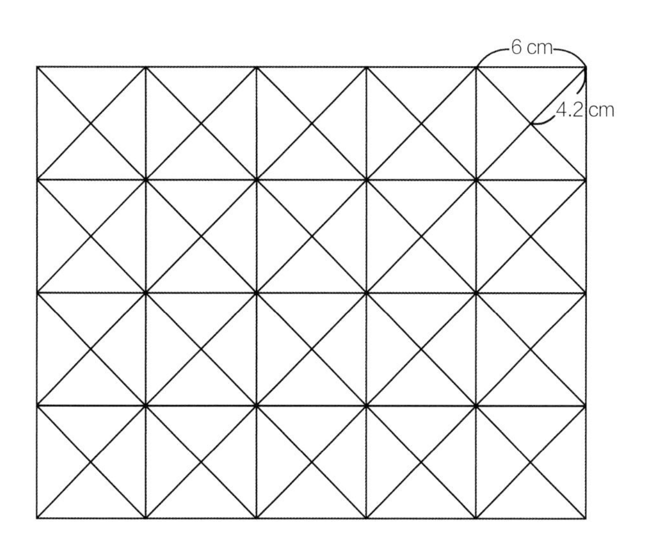

②如图用平针缝进行拼接。

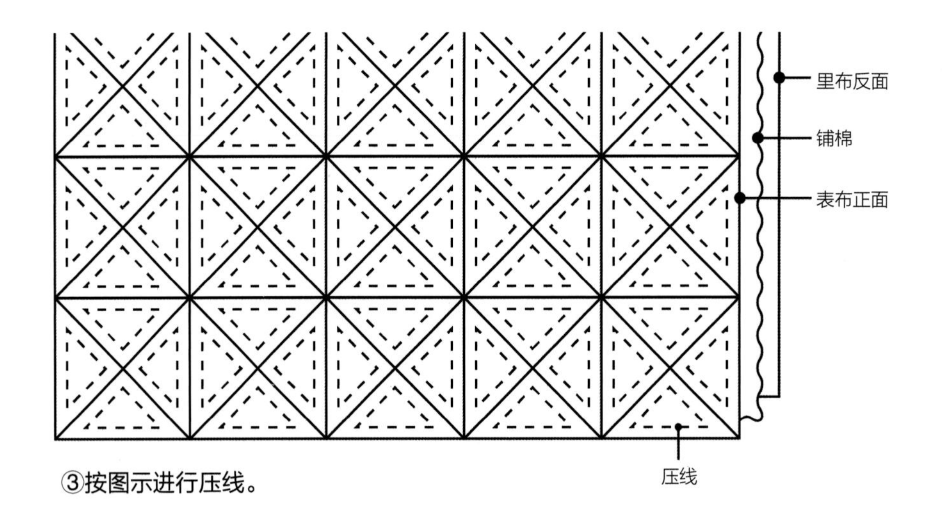

③按图示进行压线。

C 整体缝合

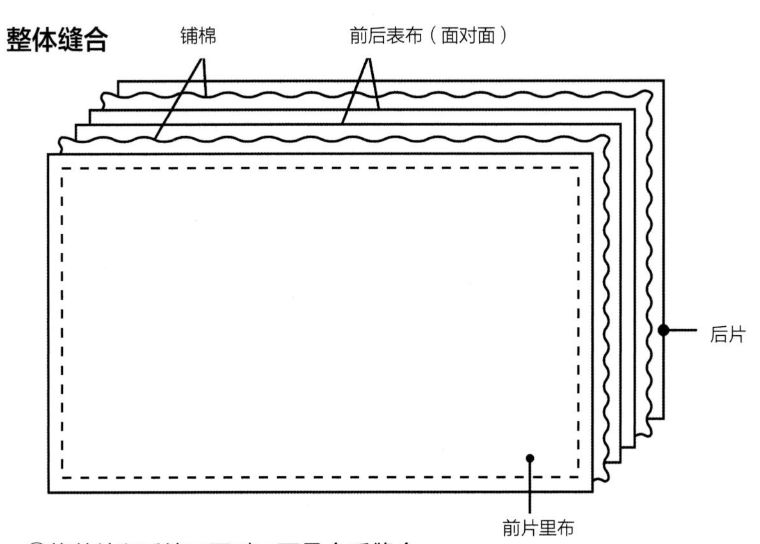

①将前片和后片正面对正面叠合后缝合。

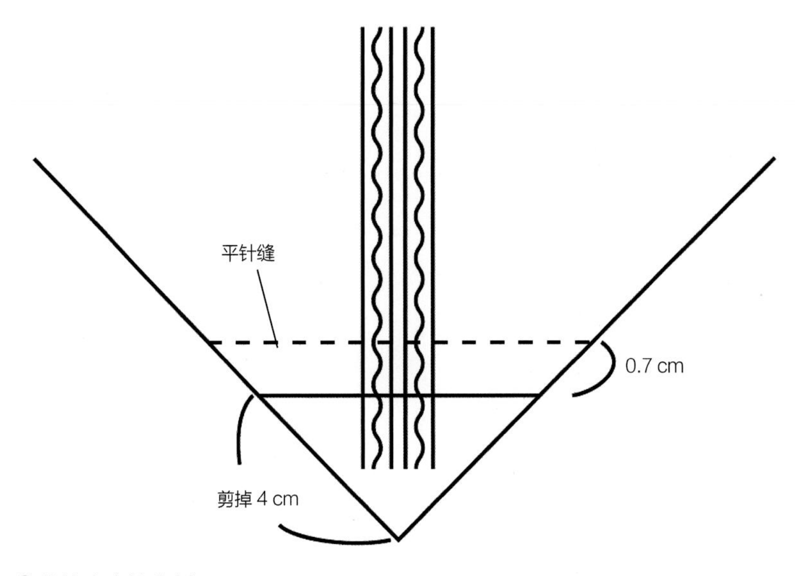

②剪掉多余的布料。

缝合、包边

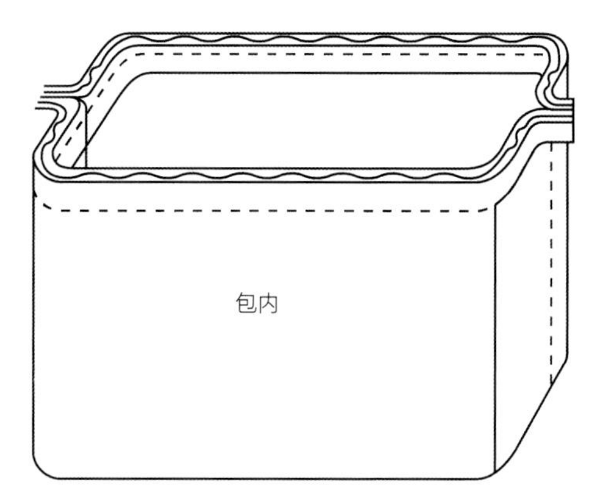

将 2 个侧片包边、包底包边缝合，最后用平针缝包口包边。

安装手提、压线

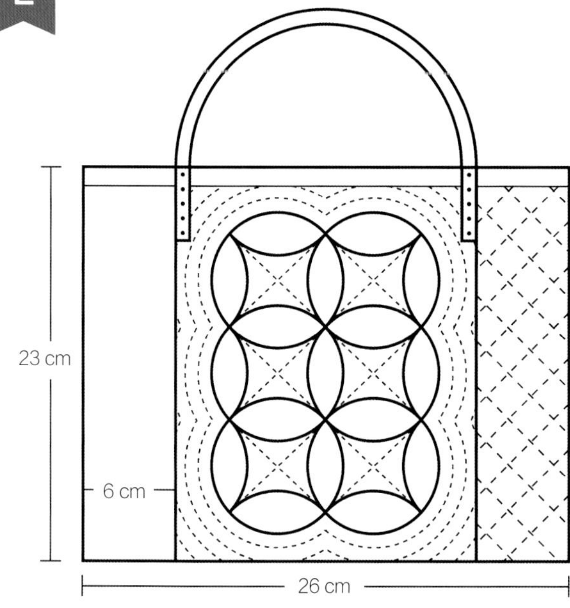

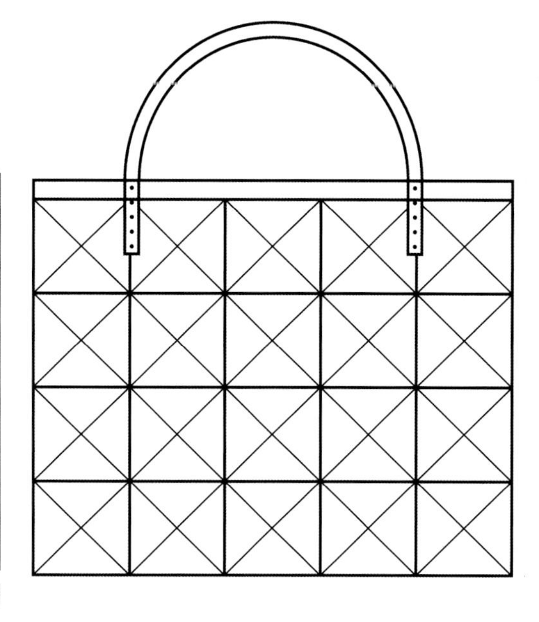

成品效果图

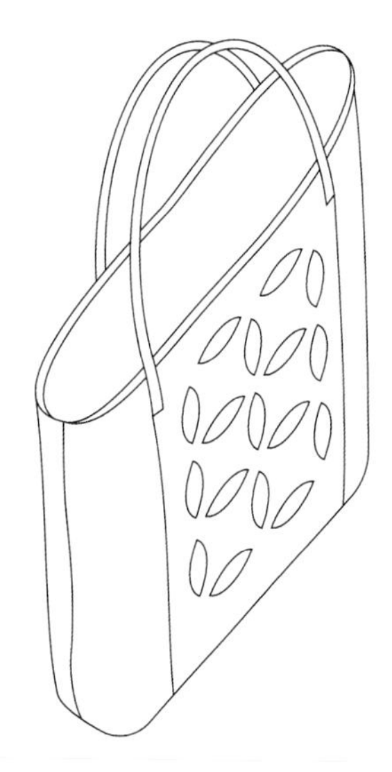

16 夏日

材料

表布拼接用面料：8 种

贴布用面料：3 种

里布尺寸：100 cm × 40 cm

铺棉尺寸：100 cm × 40 cm

贴布用蓝色包边条尺寸：350 cm

A 前片

①准备布料。

②拼接、缝合布料。

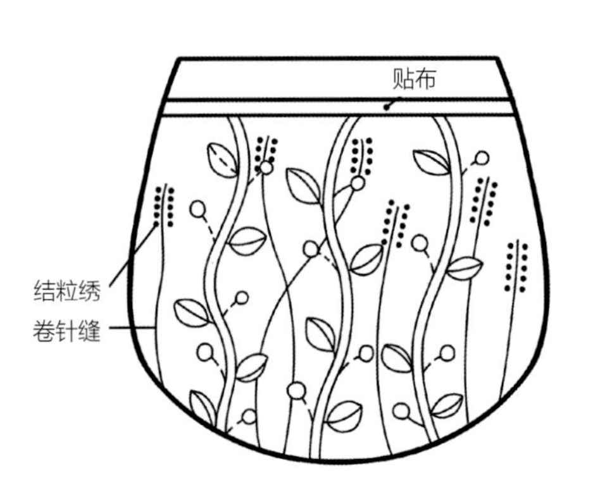

③在表布上贴布，用结粒绣、卷针缝装饰。

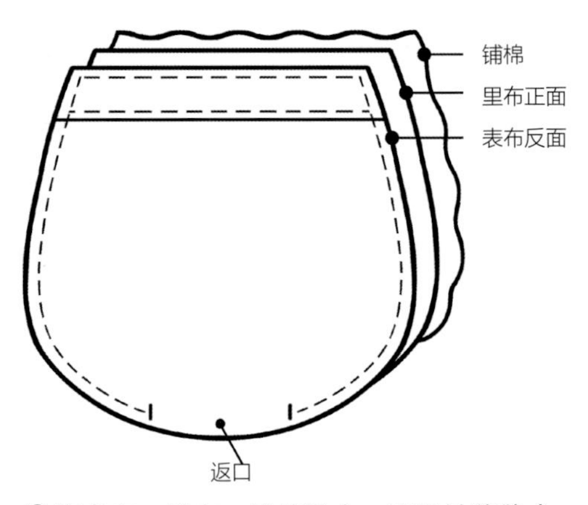

④将表布、里布、铺棉叠合，用平针缝缝合，返口不缝合。

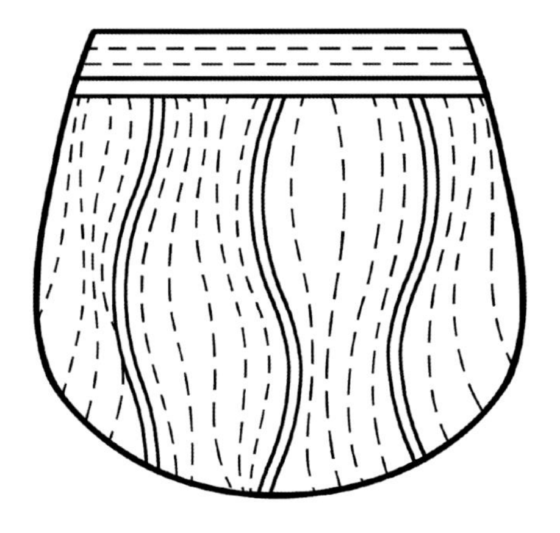

⑤从返口翻回正面，用藏针缝缝合返口并压线。

B 后片

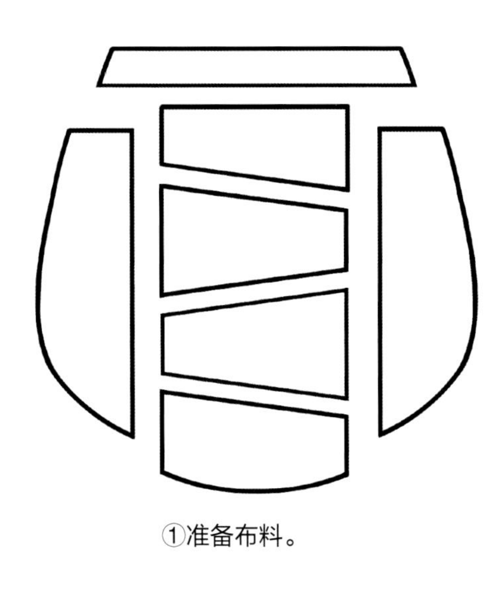

①准备布料。

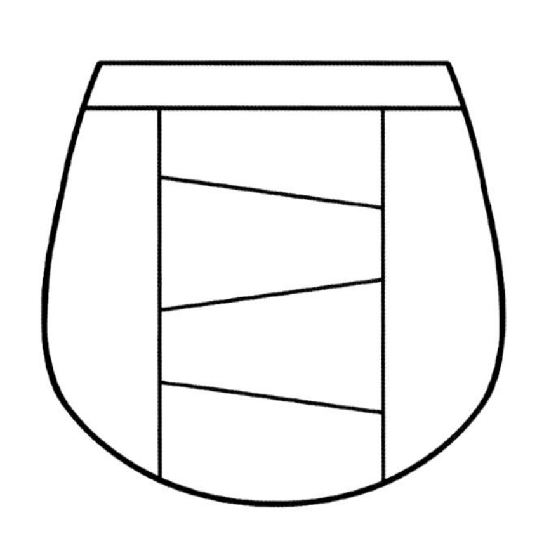

②拼接、缝合布料。

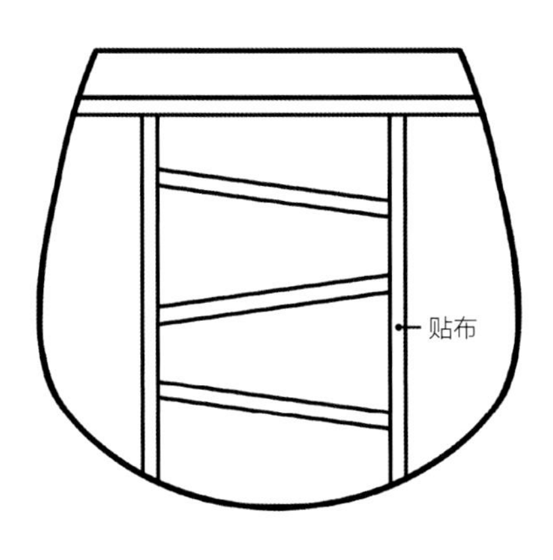

③在表布上贴布。

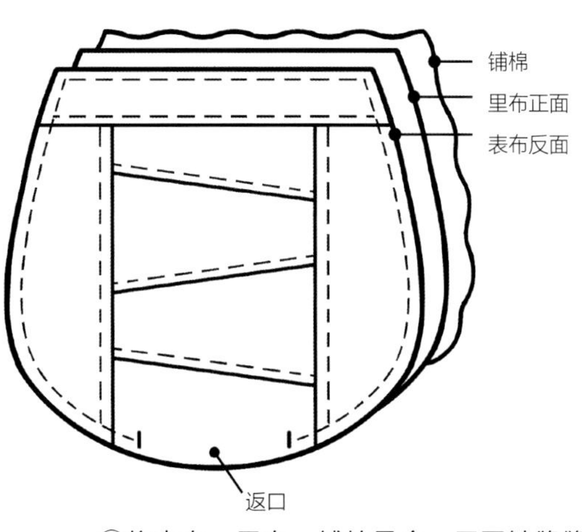

④将表布、里布、铺棉叠合，用平针缝缝合，返口不缝合。

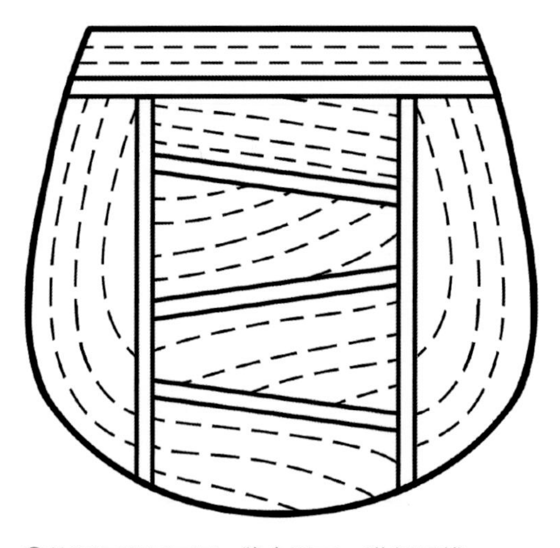

⑤从返口翻回正面，缝合返口，进行压线。

C 侧边

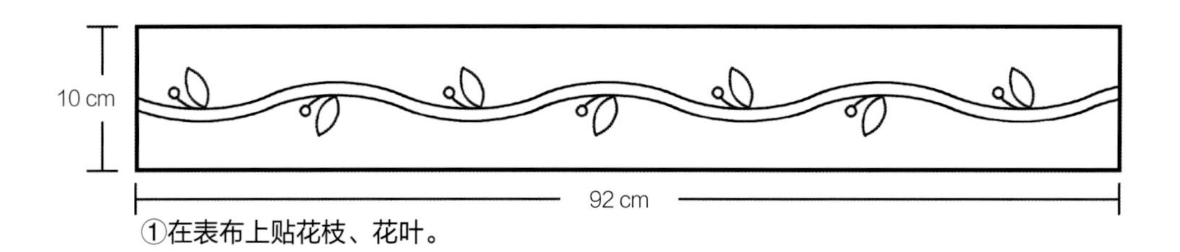

①在表布上贴花枝、花叶。

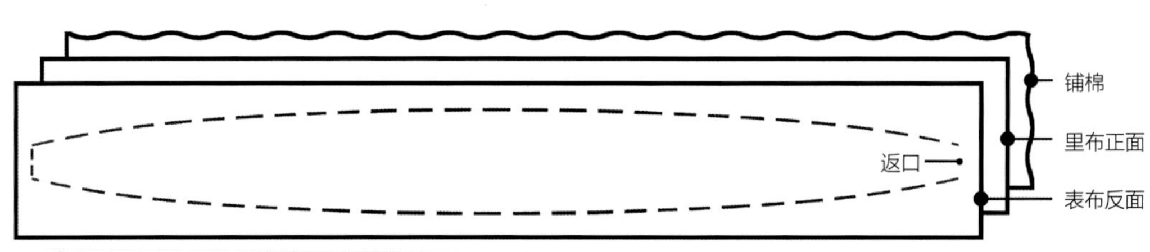

②将表布、里布、铺棉叠合并缝合。

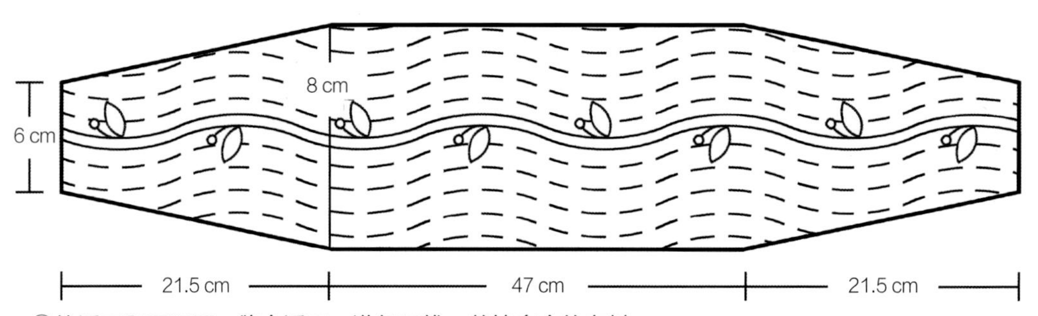

③从返口翻回正面，缝合返口，进行压线，剪掉多余的布料。

D 手提（2条）

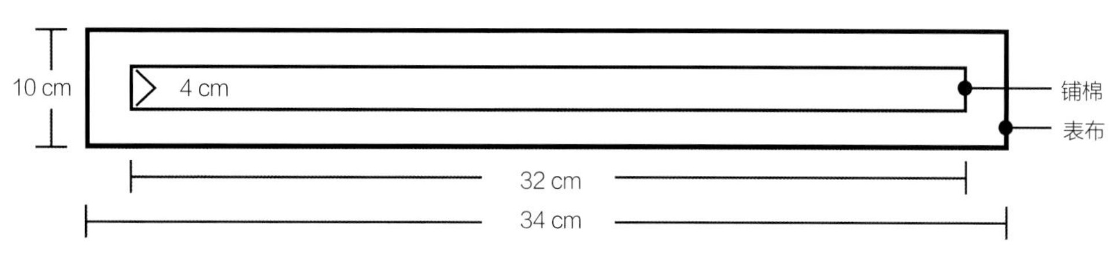

①用表布包住铺棉后缝合。

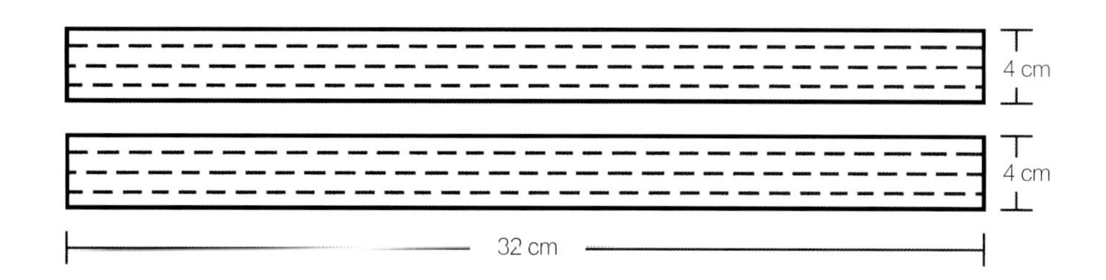

②进行压线。

E 整体缝合

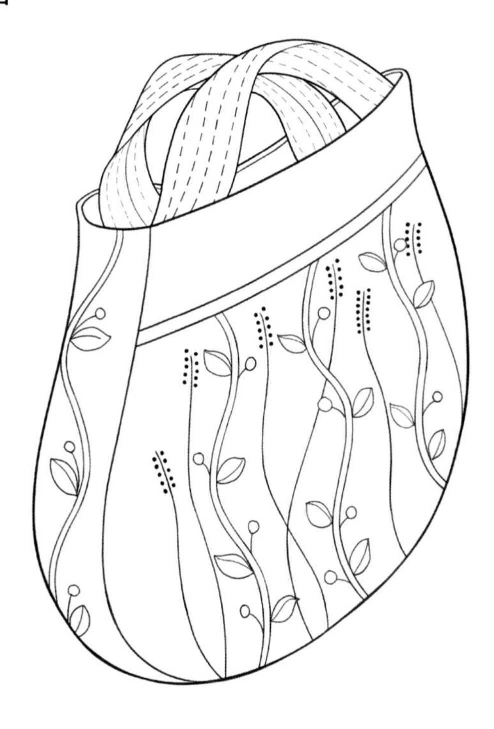

用藏针缝缝合前片和后片，并安装手提。

17 蓝染单肩包

材料

表布拼接用面料：18 种

贴布用面料：3 种

里布尺寸：100 cm × 40 cm

铺棉尺寸：100 cm × 40 cm

皮肩带尺寸：100 cm

包边条尺寸：220 cm

拉链尺寸：40 cm

耳扣：一对

前片

所需要的布料

前片尺寸：39 cm × 28 cm

后片尺寸：39 cm × 28 cm

铺棉、里布包底尺寸：28 cm × 8 cm

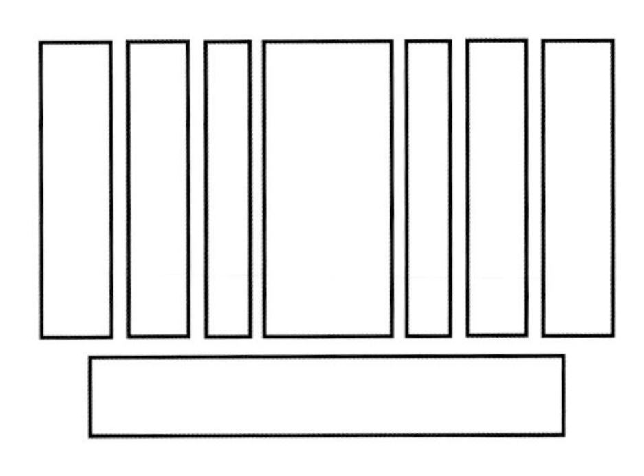

①根据图示，准备 8 块布料。

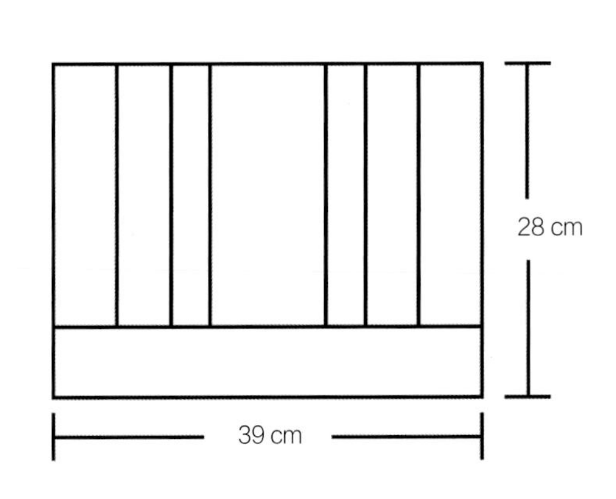

②将 8 块布料按图示拼接并缝合。

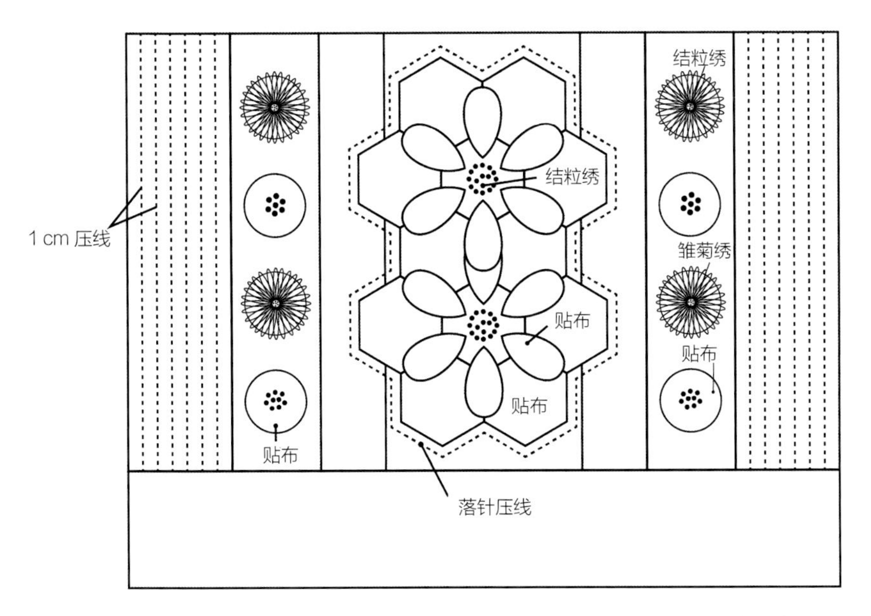

③在拼好的前片上进行贴布，部分进行雏菊绣、结粒绣并压线。

B 后片

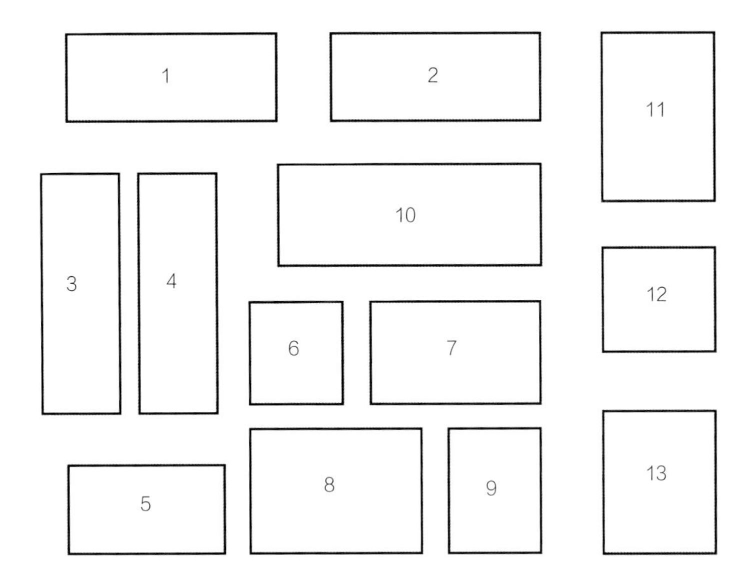

①准备 13 块尺寸不同的布料。

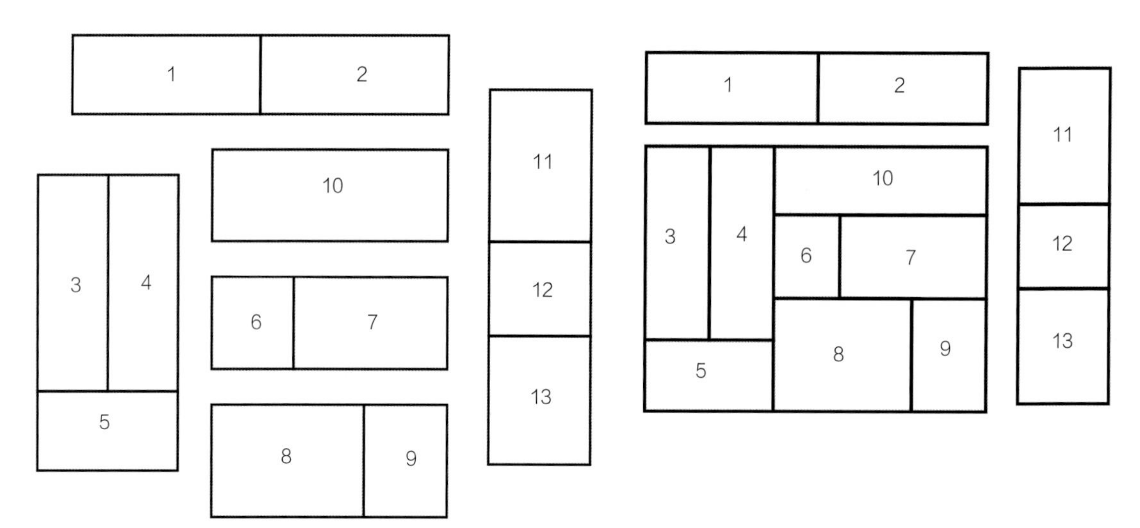

②把 13 块布料按照图示顺序采用平针缝进行拼接、缝合。

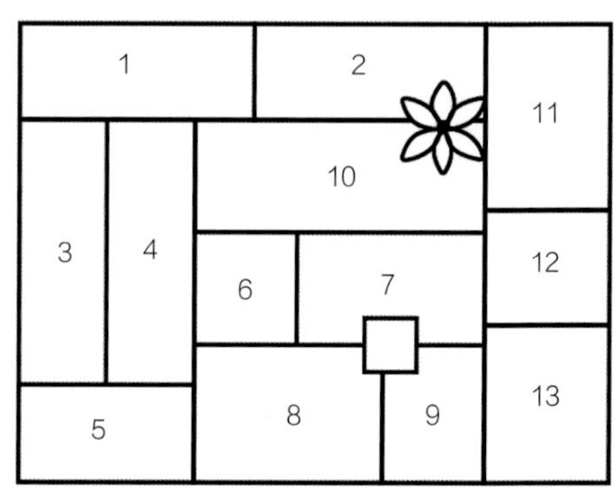

③在拼接好的后片上进行贴布。

C 包底

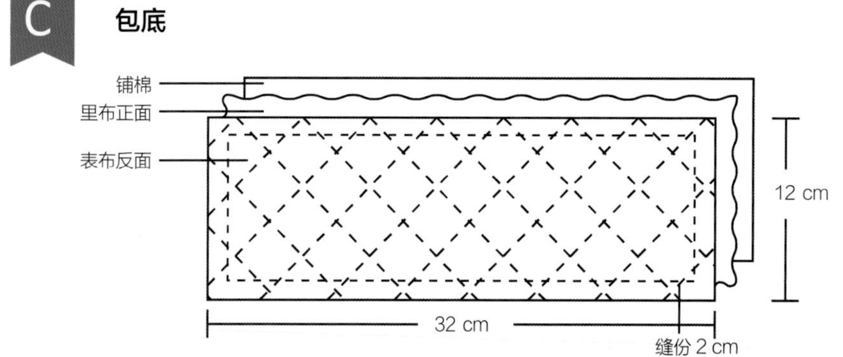

①将表布、里布、铺棉叠合并缝合，进行压线。

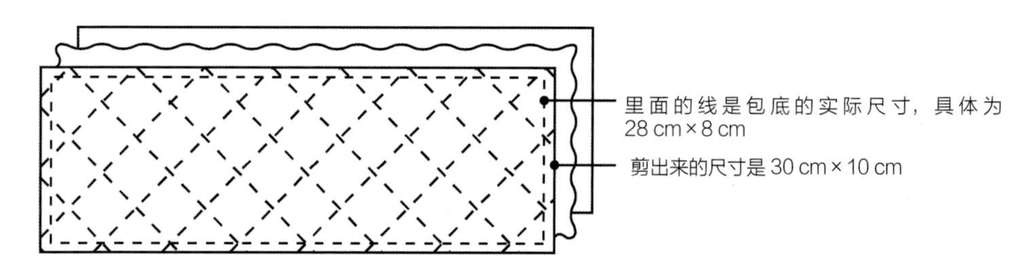

②压完线，画上需要的实际尺寸，再留出 1 cm 的缝份后，剪出来。

D 压线、裁剪

外围尺寸是 38 cm × 29 cm，里面的尺寸才是实际尺寸，外围尺寸会比实际尺寸多 1 cm

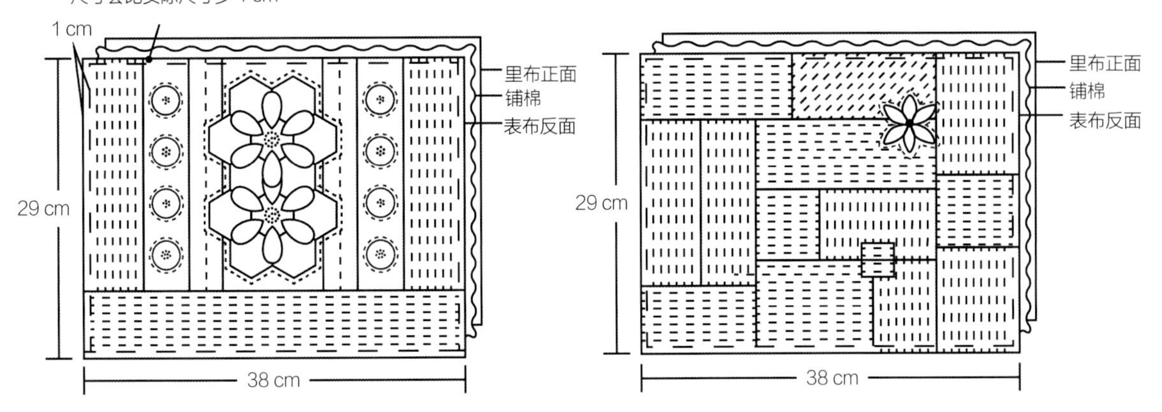

将前片、后片的表布、里布、铺棉叠合并缝合后，进行压线，并剪出所需要的尺寸。

E 包身缝合

F 包边

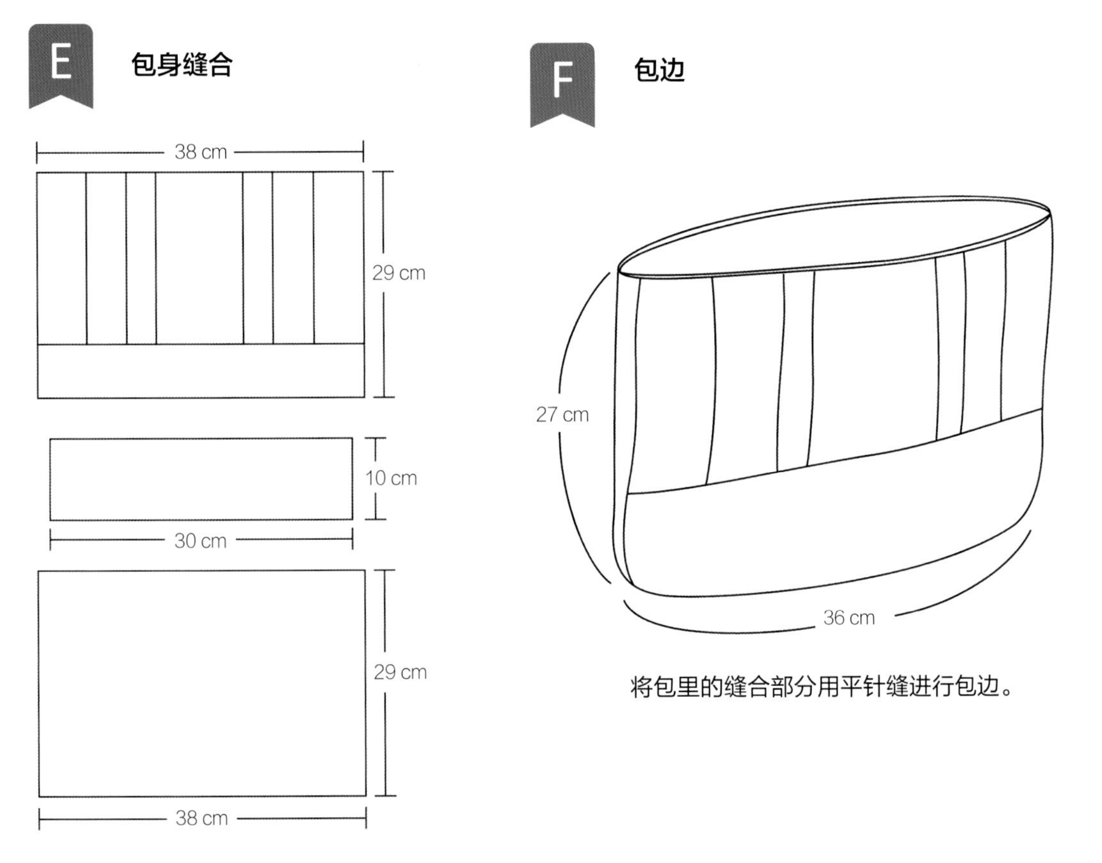

先用平针缝缝合前片和后片，再用平针缝缝合包底。

将包里的缝合部分用平针缝进行包边。

G 包口包边

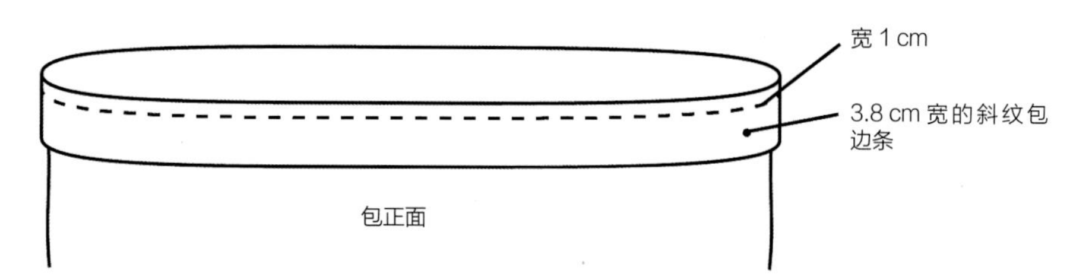

①距包口 1 cm 处用平针缝将包边条缝合。

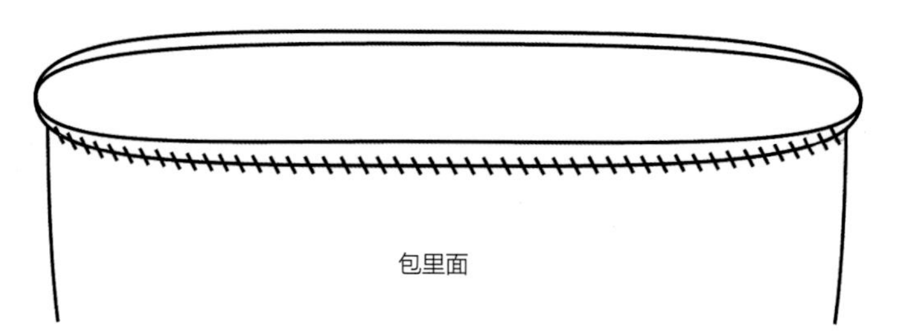

②把包边条折入包内侧，折边后缝合。

安装耳扣

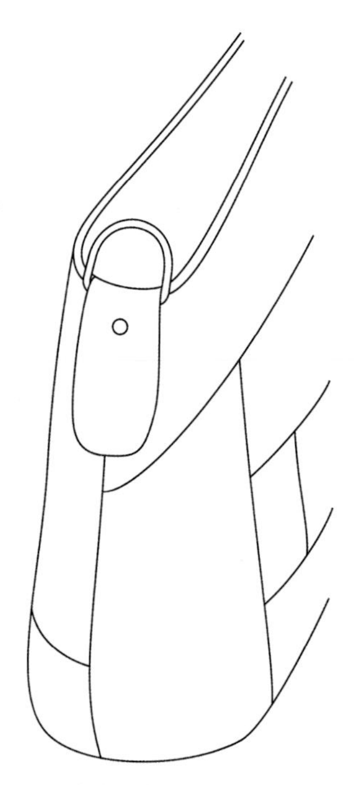

用平针缝安装耳扣。

安装手提

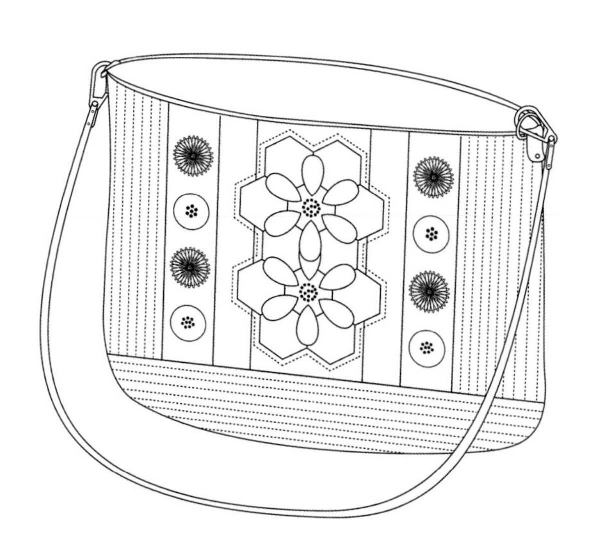

用平针缝安装手提。

18 乱拼单肩包

材料

表布拼接用面料：12 种

刺子绣线：10 种颜色

里布尺寸：85 cm × 45 cm

铺棉尺寸：85 cm × 45 cm

包边条尺寸：240 cm

拉链尺寸：35 cm

皮肩带尺寸：70 cm

前片、后片、侧片

①如图，剪出备用的布料。

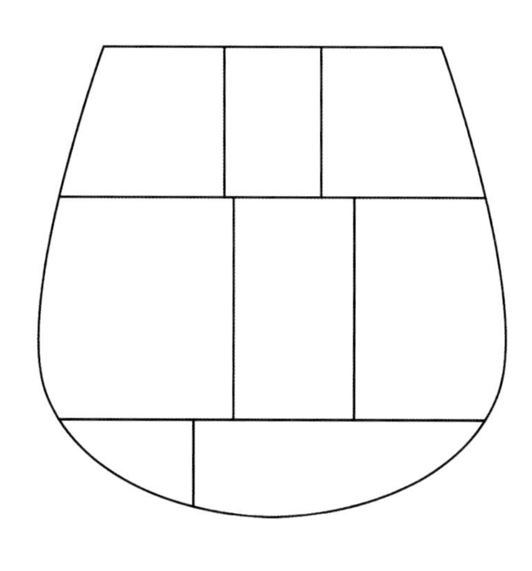

②将 8 块布料拼接、缝合。

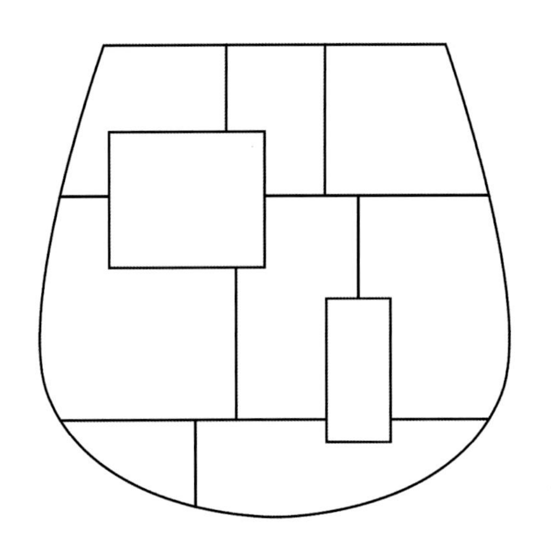

③剪出 2 块布料，贴到表布上。

表布反面

里布正面

铺棉

返口

④将表布、里布和铺棉叠合，将其缝合，返口不缝合，图中外侧较粗的线是实际尺寸。

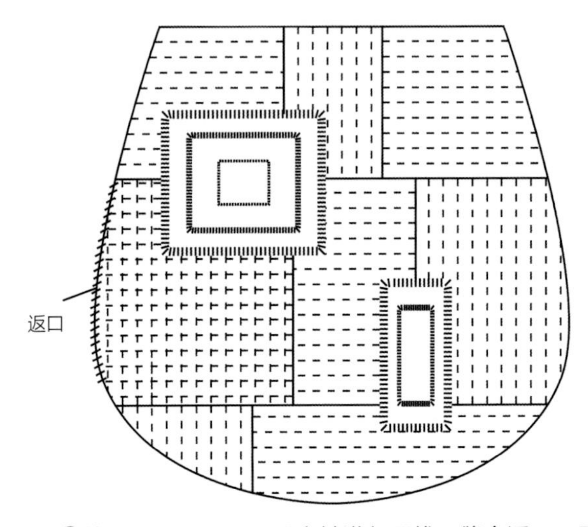

⑤从返口翻回正面，用大针进行压线，缝合返口。再用同样做法，完成后片和侧片。

B 整体缝合

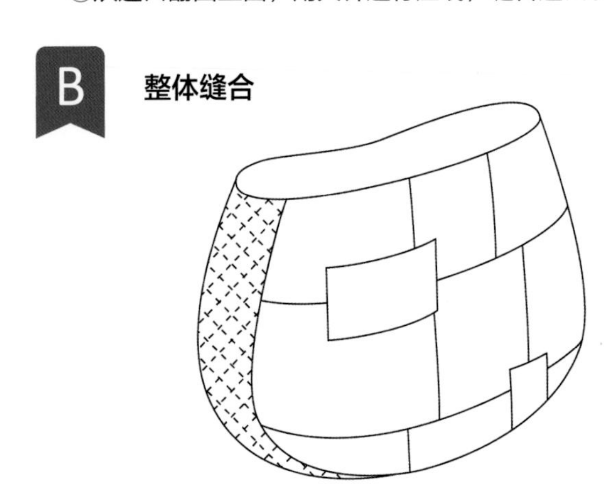

用藏针缝将前片、后片和侧片缝合。

包口包边

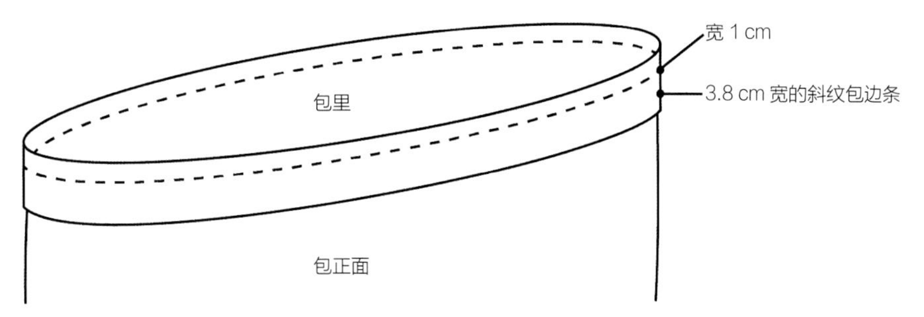

距包口 1 cm 处用平针缝将包边条缝合，之后将其折入内侧，折边后缝合。

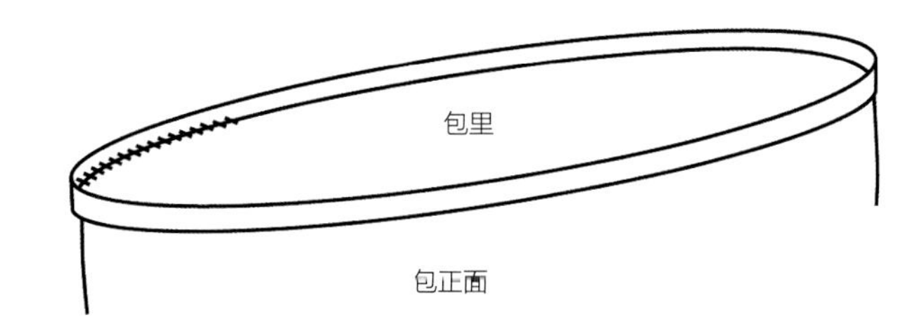

D

安装拉链、安装手提

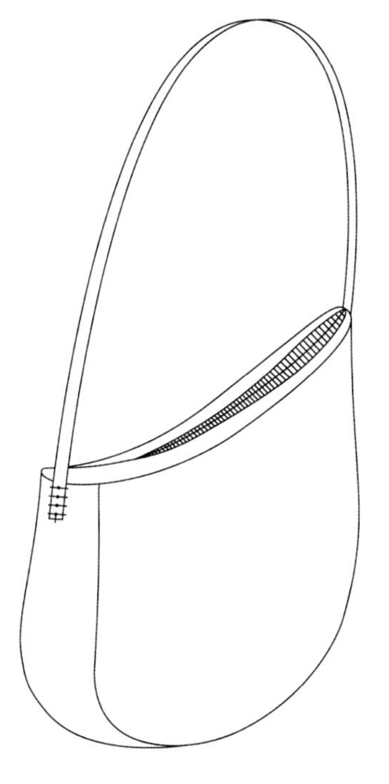

用平针缝安装拉链、安装手提。

19 大福眼

材料

表布拼接用面料：16 种

贴布用面料：10 种

里布尺寸：120 cm × 45 cm

铺棉尺寸：120 cm × 45 cm

包边条尺寸：230 cm

拉链尺寸：45 cm

扫码观看教学视频

20 古布手拎包

材料

表布拼接用面料：15 种

贴布用面料：3 种

里布尺寸：110 cm × 50 cm

铺棉尺寸：110 cm × 50 cm

皮手提尺寸：42 cm

包边条尺寸：250 cm

拉链尺寸：60 cm

扫码观看教学视频

21 植物染饺子包

材料

表布拼接用面料：1 种

贴布用面料：1 种

里布尺寸：80 cm × 30 cm

表布尺寸：80 cm × 30 cm

绣线尺寸：1 种

木手提 :1 对

扫码观看教学视频

22 小花化妆包

材料

表布拼接用面料：2 种
贴布用面料：3 种
里布尺寸：24 cm × 20 cm
铺棉尺寸：24 cm × 20 cm
包边条尺寸：25 cm
拉链尺寸：25 cm

扫码观看教学视频

23 郁金香小包

材料

表布拼接用面料：2 种
贴布用面料：5 种
里布尺寸：45 cm × 30 cm
铺棉尺寸：45 cm × 30 cm
包边条尺寸：180 cm
拉链尺寸：25 cm

扫码观看教学视频

24 植物染手拎包

材料

表布拼接用面料：15 种
贴布用面料：8 种
里布尺寸：100 cm × 45 cm
铺棉尺寸：100 cm × 45 cm
包边条尺寸：280 cm

扫码观看教学视频

25 祖母被子

材料

表布拼接用面料：40 种

每种布料尺寸： 45 cm × 55 cm

里布尺寸：210 cm × 230 cm

铺棉尺寸：210 cm × 230 cm

祖母片边长尺寸：2.6 cm

A 祖母片

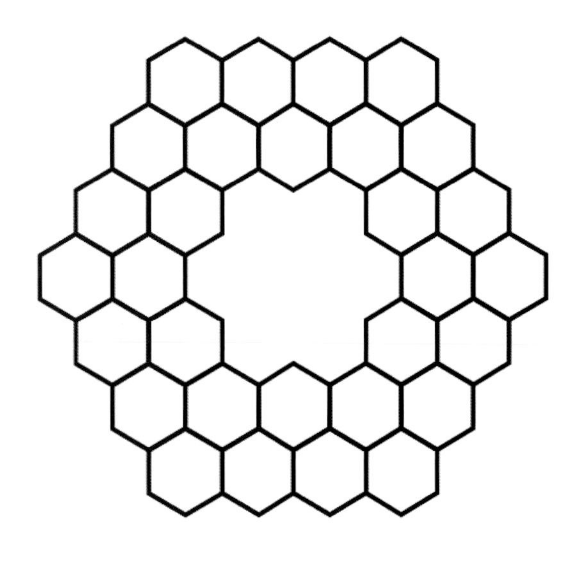

①准备 25 块完整的祖母片，祖母片边长为 2.6 cm。

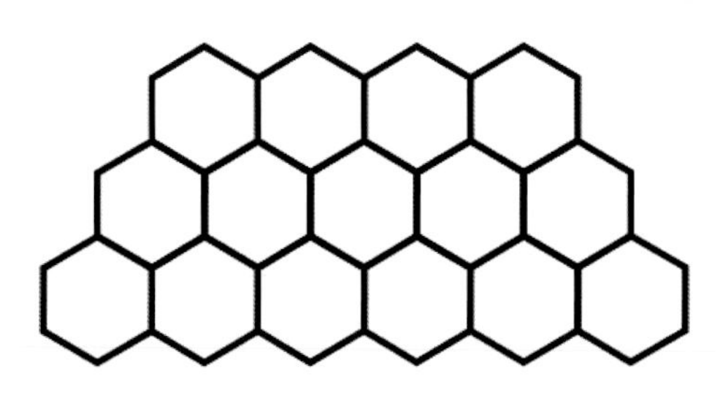

②准备 5 块半片的祖母片。

B 拼接祖母片

把做好的祖母片拼接起来。

C 拼接祖母片到底布

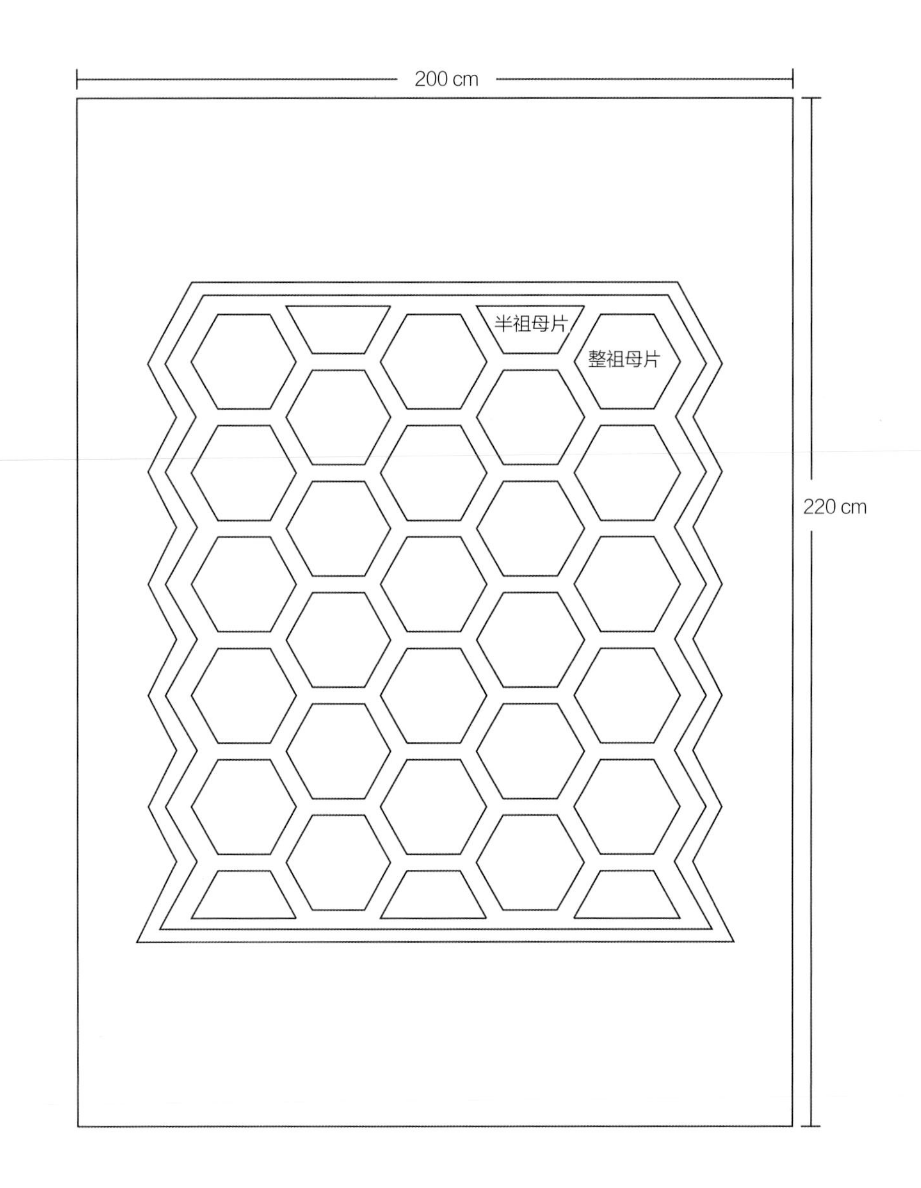

把拼接的祖母片拼贴在下方底布上。

D 压线

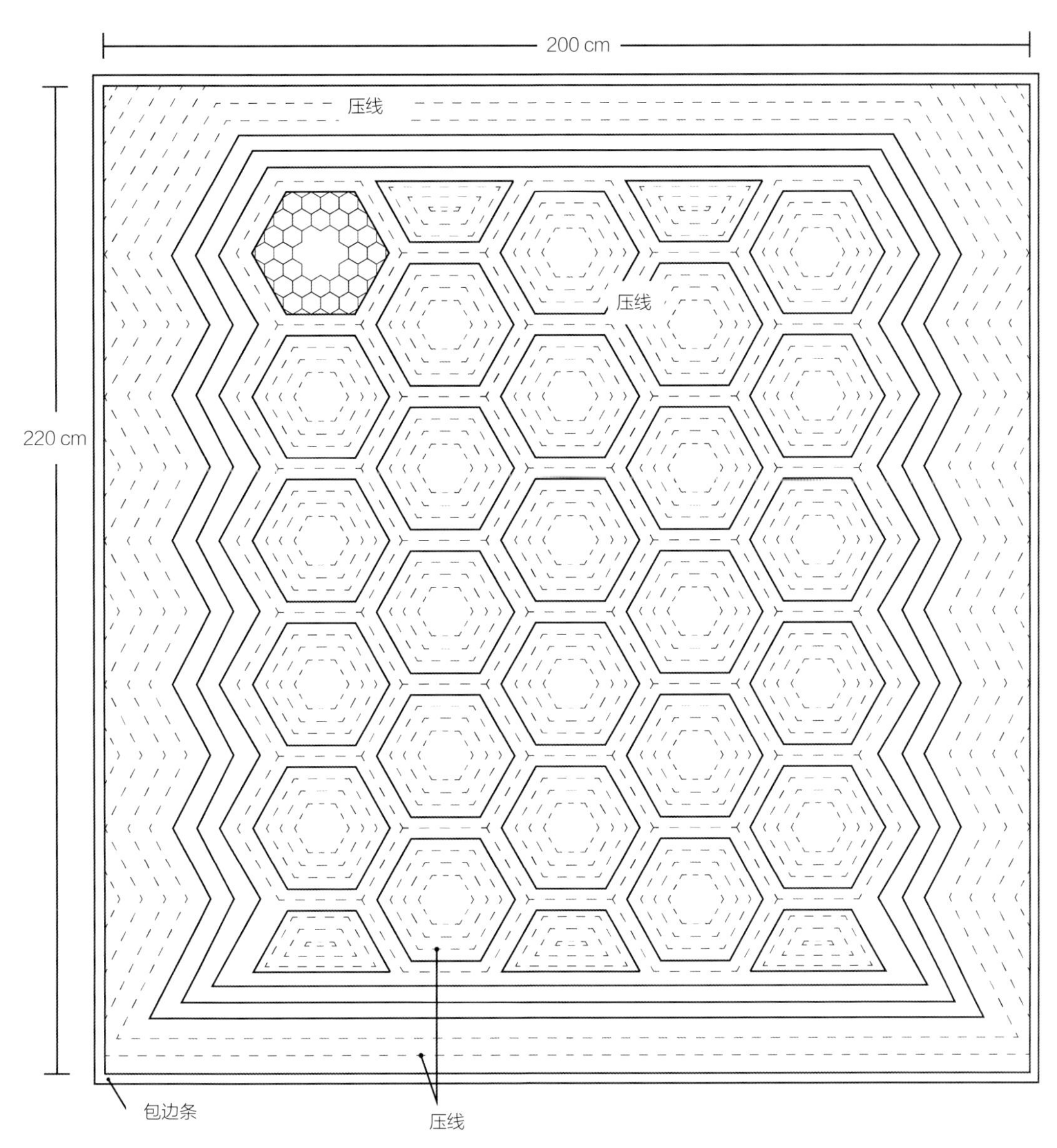

整体进行压线，再用平针缝包边。

26 三角拼布被子

材料

表布拼接用面料：22 种印花布花色

每块大小：45 cm × 55 cm

里布尺寸：190 cm × 210 cm

铺棉尺寸：190 cm × 210 cm

三角形边长：16 cm（包含 1 cm 缝份）

A 被子表布拼接

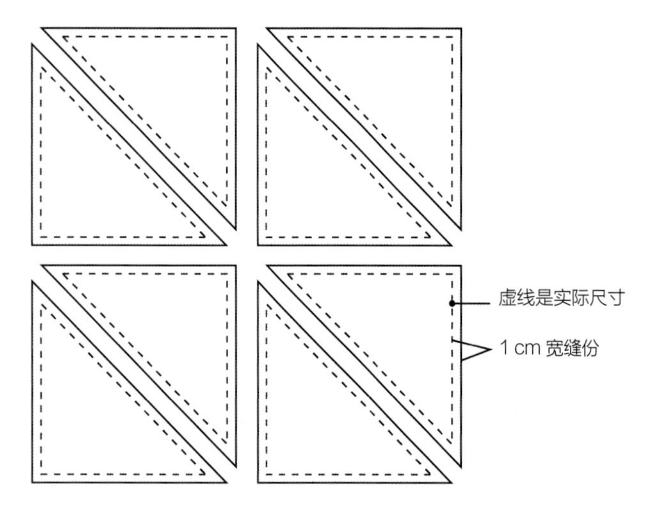

①剪出 8 个边长为 16 cm × 16 cm × 22.5 cm 的三角形布料，缝份为 1cm 宽。

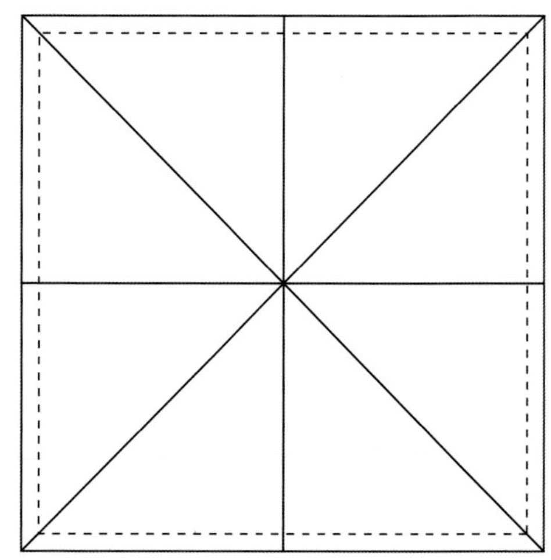

②拼接缝合成正方形布料。

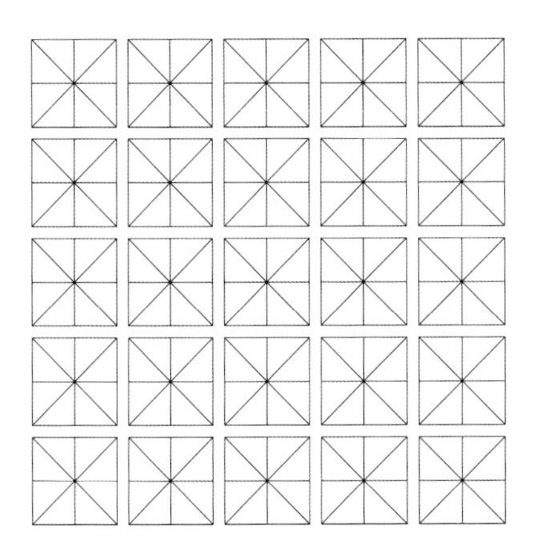

③ 按①②步骤准备 25 块正方形布料。

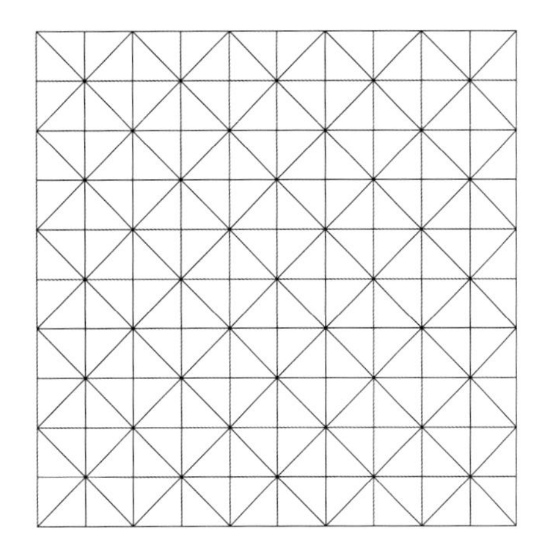

④ 将 25 块正方形布料拼接、缝合。

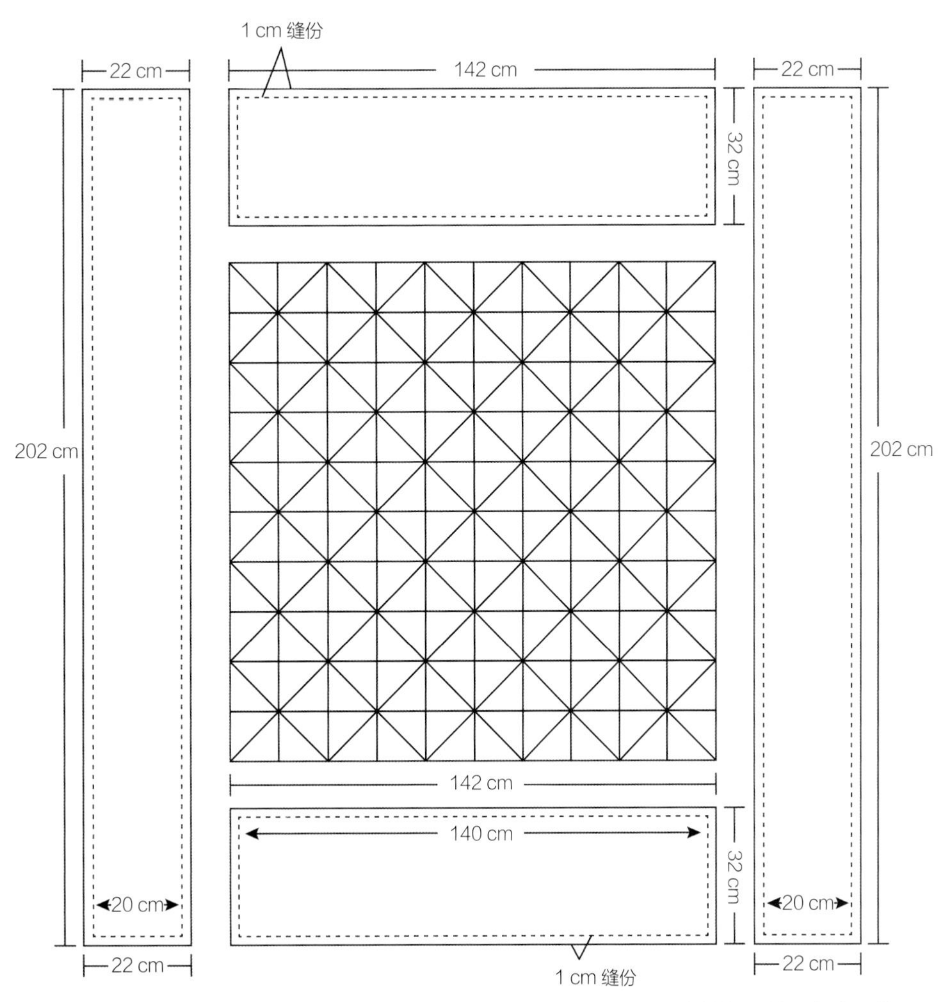

⑤剪出尺寸为 202 cm × 22 cm 的布料和尺寸为 142 cm × 32 cm 的布料各 2 块，与步骤④所得的正方形布料如图缝合。

B 整体缝合

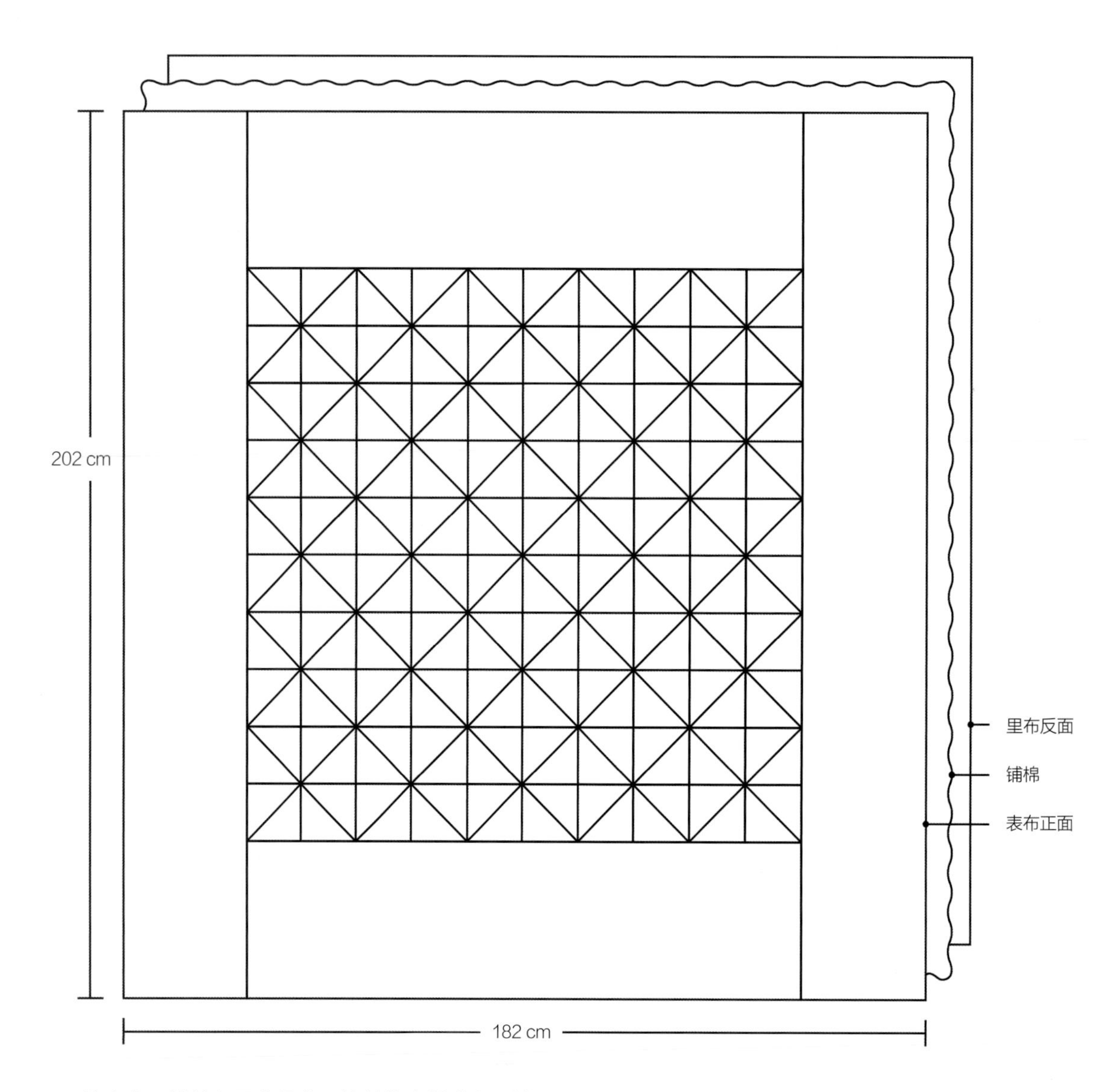

将表布、铺棉和里布叠合，将其缝合并进行压线。

27 植物染拼布裙

材料

上面拼接部分：10 种颜色植物染手染布

下面拼接部分：1 种颜色植物染绢（蚕丝布也可以）

A 制作裙子抹胸

①准备 48 块三角形布料。

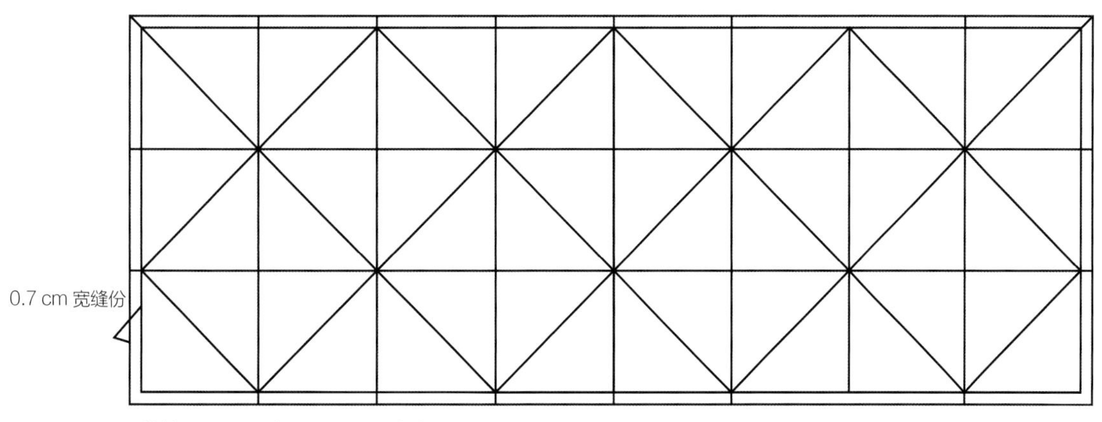

②将 48 块三角形拼接、缝合。

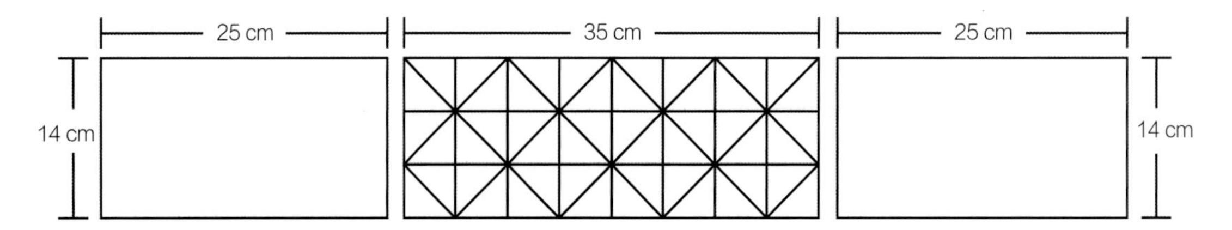

③剪出 2 块 25 cm × 14 cm 的长方形布料。

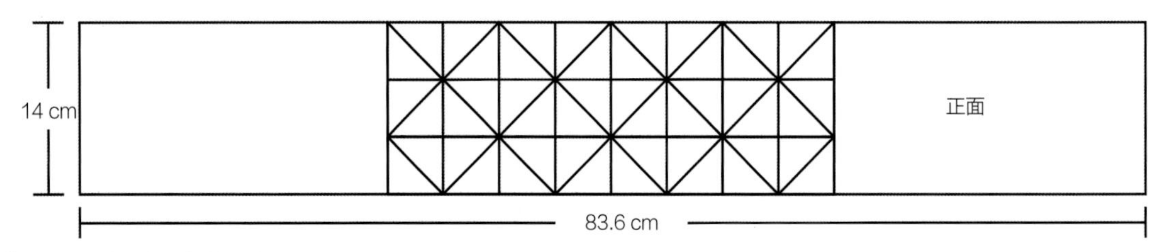

④将 3 块布料缝合在一起。

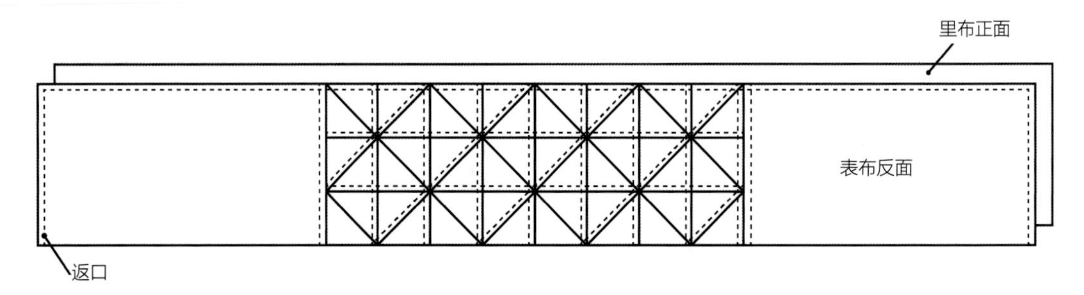

⑤将表布和里布缝合，将两侧和上面缝合起来，下面全部留口，从返口翻回正面待用。

B 制作裙摆

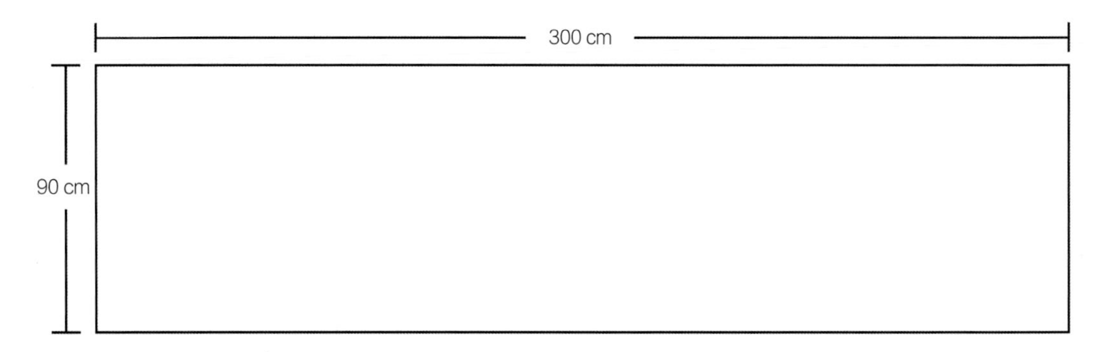

①准备 1 块 300 cm × 90 cm 的长方形布料。

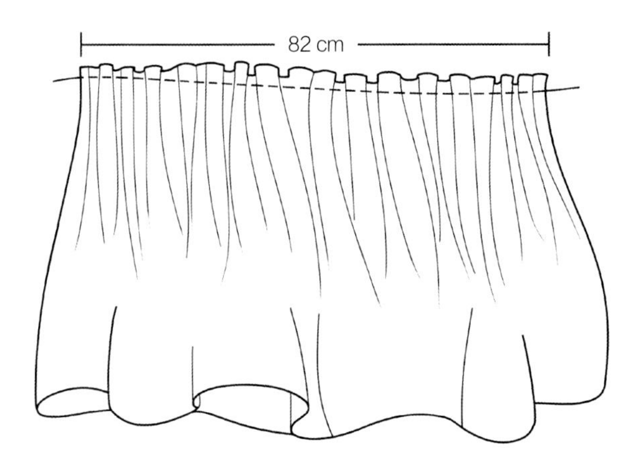

②在裙腰上面打褶，将宽度变成 82 cm。

整体缝合

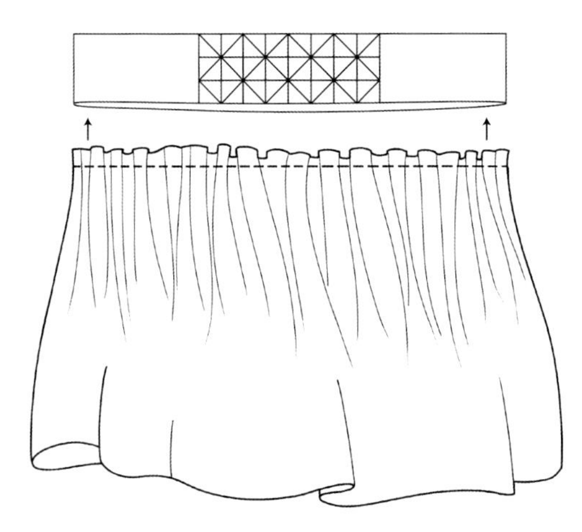

①将抹胸和下摆裙摆缝合。

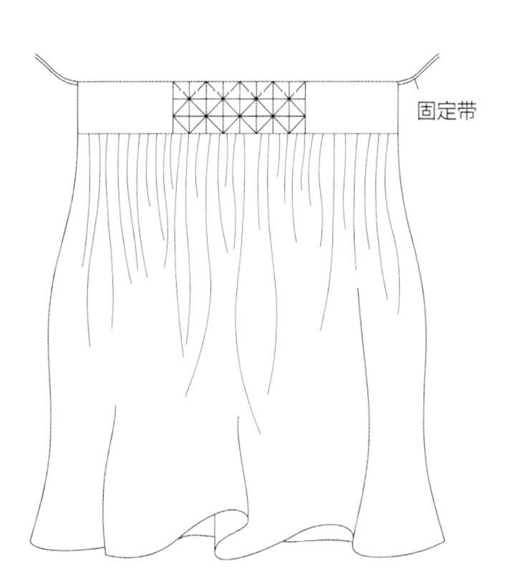

②缝合固定带，得到成品。

28 夹棉布斗篷

材料

斗篷用面料：夹棉懒人布，厚度 0.5 cm 左右，单层制作，不需要里布

祖母花园贴布面料：6 种植物制成的手染布裁剪为 2.6 cm 的祖母片

详细尺寸见等比例版型图。

A 裁剪布料

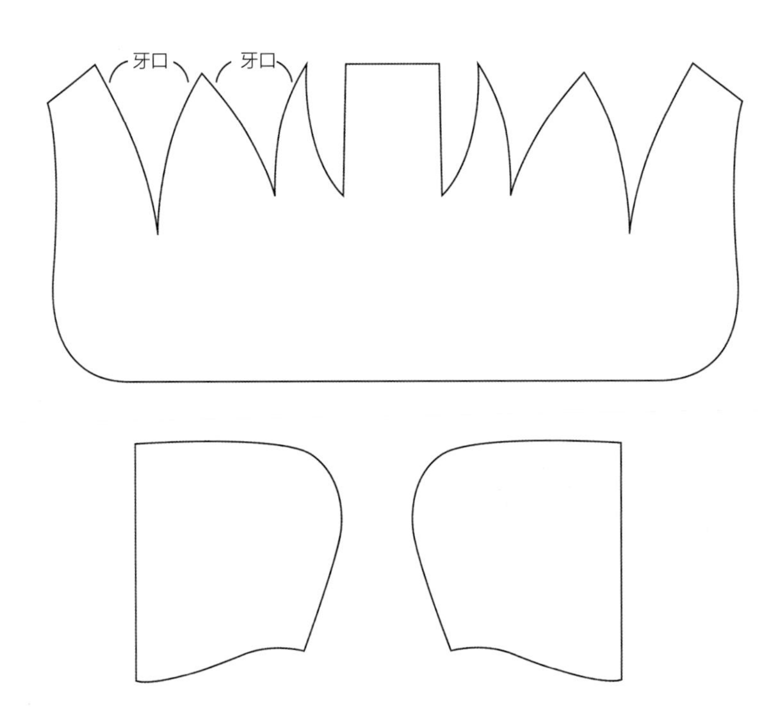

图纸已含 1 cm 缝份，剪布料时，按图纸大小就可以。

B 缝合、包边

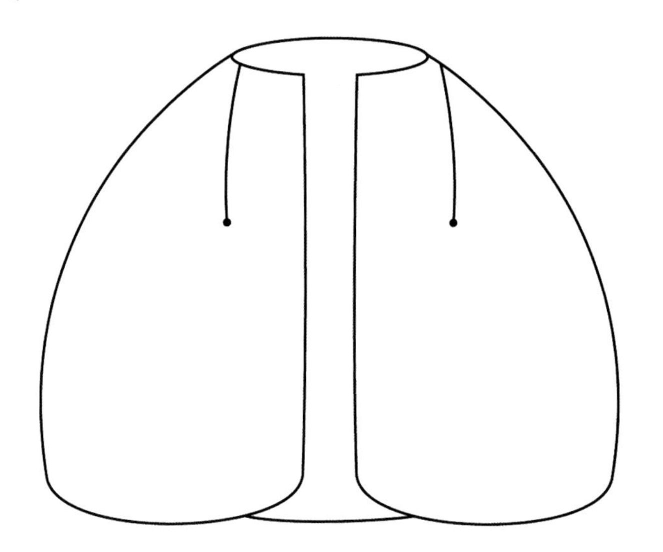

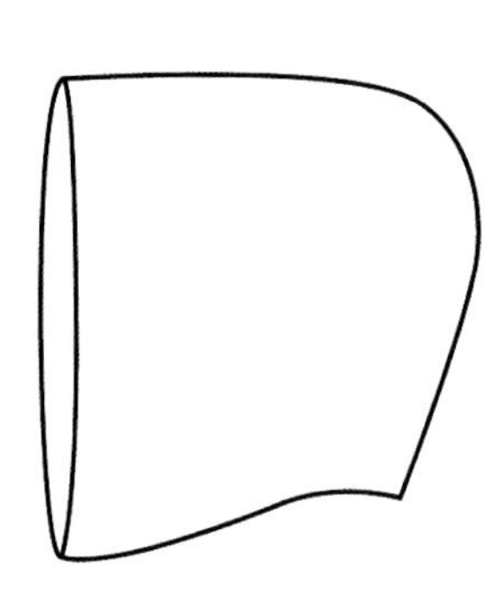

先把牙口部分缝合后包边，将帽子的 2 片缝合、包边。

将帽子和身体连起来

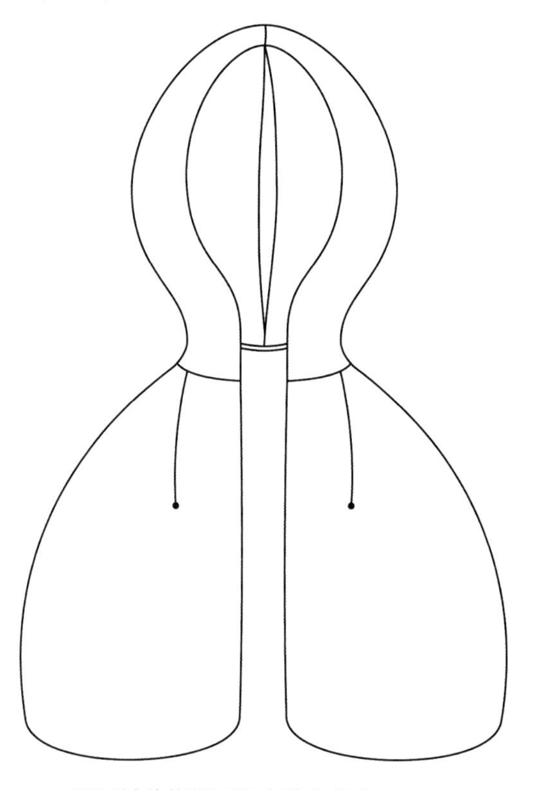

用平针缝将帽子和身体连起来。

包边

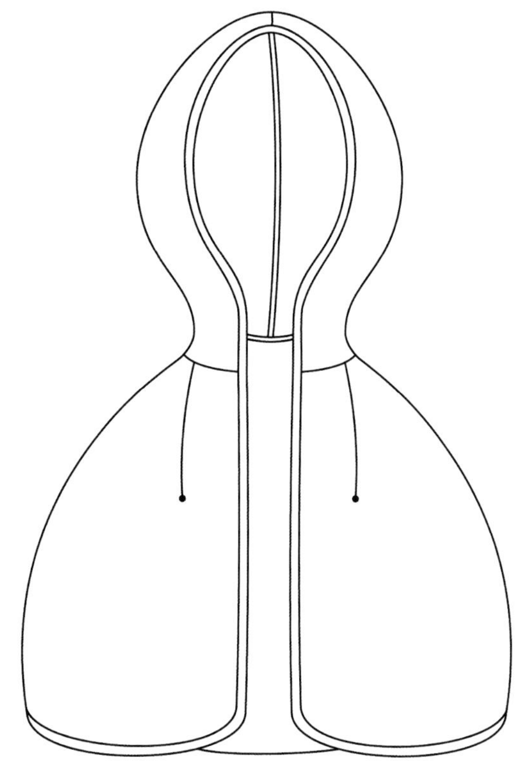

如图所示沿外沿进行包边。

E

贴缝祖母片

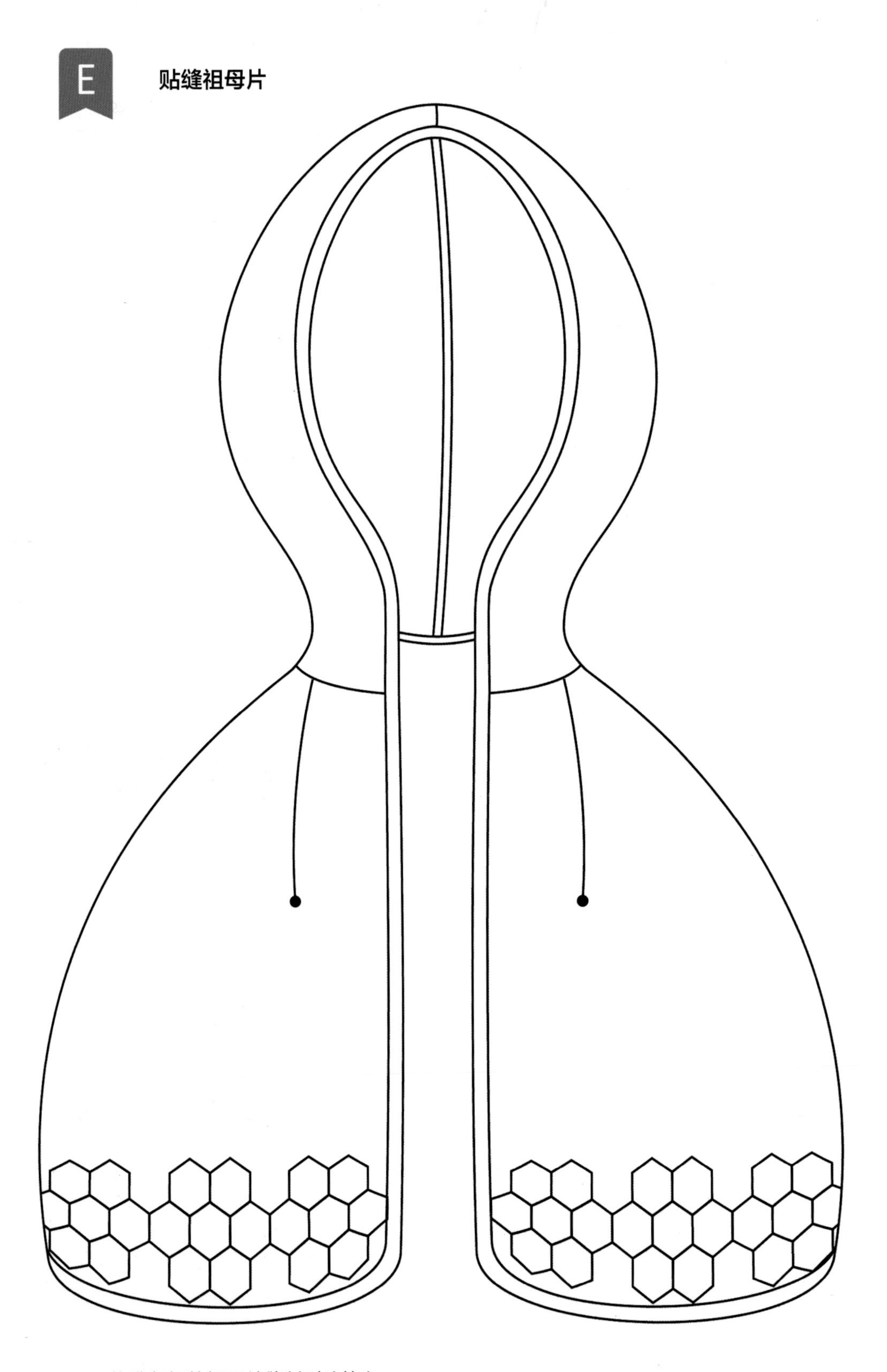

将准备好的祖母片缝制到斗篷上。